NAJET BAKI

Rumo a um futuro solar

NAJET BAKI

Rumo a um futuro solar

Explorar as quatro energias do Sol(passiva, fotovoltaica, térmica e termodinâmica)

ScienciaScripts

Imprint

Any brand names and product names mentioned in this book are subject to trademark, brand or patent protection and are trademarks or registered trademarks of their respective holders. The use of brand names, product names, common names, trade names, product descriptions etc. even without a particular marking in this work is in no way to be construed to mean that such names may be regarded as unrestricted in respect of trademark and brand protection legislation and could thus be used by anyone.

Cover image: www.ingimage.com

This book is a translation from the original published under ISBN 978-3-8416-3734-5.

Publisher:
Sciencia Scripts
is a trademark of
Dodo Books Indian Ocean Ltd. and OmniScriptum S.R.L publishing group

120 High Road, East Finchley, London, N2 9ED, United Kingdom
Str. Armeneasca 28/1, office 1, Chisinau MD-2012, Republic of Moldova, Europe
Printed at: see last page
ISBN: 978-620-8-23302-0

Rumo a um futuro solar
Explorando as quatro energias do Sol

"O sol oferece-nos generosamente os seus belos raios de luz todos os dias: vamos aproveitá-los ao máximo!

Najet BAKI

BAKI Najet

Este livro é dedicado a :

Aos meus inestimáveis pais, cujo amor e apoio estão para além do que posso exprimir em palavras. Vocês são os mais queridos do meu coração, e eu prezo-vos mais do que qualquer outra coisa no mundo.

Aos meus filhos maravilhosos, que são a minha maior inspiração. Que persigam sempre os vossos sonhos com a mesma determinação que viram em mim. Este livro é para vós, para que saibam que tudo é possível.

À minha preciosa família, as minhas irmãs e os meus dois irmãos, que sempre foram a minha pedra angular. O vosso amor, apoio e encorajamento iluminaram o meu caminho. Este livro é o fruto da nossa força colectiva e do nosso empenho inabalável. Que estas páginas, banhadas pela luz dos nossos laços familiares, vos recordem o quanto são queridos no meu coração. Em cada palavra, celebro a nossa união e dedicação. E nunca se esqueçam que "o sol oferece-nos generosamente os seus belos raios de luz todos os dias: vamos aproveitá-los ao máximo".

Com todo o meu amor.

Agradecimentos

Gostaria de expressar a minha profunda gratidão a todos aqueles que contribuíram para a produção deste livro. Os meus mais sinceros agradecimentos vão para a minha filha Meriem, cujo talento artístico deu vida a este livro com as suas magníficas ilustrações. Um grande obrigado ao meu filho Mustapha, que contribuiu com os seus conhecimentos de programação Python para tornar este projeto possível. Finalmente, um sorriso caloroso de agradecimento ao meu filho Yasser, cujo entusiasmo alegre tem sido uma fonte constante de inspiração. As vossas contribuições únicas tornaram este livro uma realidade, e tenho orgulho em ter-vos como meus filhos. Vocês são a luz que iluminou este caminho. Obrigado do fundo do meu coração por tudo o que fizeram.

Gostaria também de expressar a minha profunda gratidão aos muitos livros e sítios Web que foram uma valiosa fonte de conhecimento e inspiração ao longo deste projeto. A riqueza dos seus conteúdos informou o meu percurso e permitiu-me criar este livro. Estou grato pelos recursos inestimáveis que me forneceram.

Objetivo deste livro:

O sol oferece-nos generosamente os seus belos raios de luz todos os dias: vamos aproveitá-los ao máximo!
Este livro explora as quatro formas de energia solar: fotovoltaica, térmica, termodinâmica e a energia solar passiva, que é uma solução que não deve ser negligenciada! Apresenta os princípios básicos, o seu funcionamento, as suas aplicações e o seu potencial de integração em vários ambientes. Através de estudos de caso, este livro guia o leitor pelos desafios da otimização da captação e utilização da energia solar. Salienta ainda a importância da eficiência energética, da sustentabilidade e da inovação no desenvolvimento de sistemas solares, de forma a contribuir para um futuro energético mais limpo e responsável. E no final deste manuscrito, há dez exercícios com soluções.

Índice

Introdução geral :

A energia solar é um recurso renovável extremamente diversificado, explorado através de uma variedade de tecnologias para satisfazer diferentes necessidades energéticas. Entre estas tecnologias, existem quatro tipos principais de energia solar: passiva, ativa (térmica, termodinâmica e fotovoltaica). A energia solar passiva utiliza a conceção arquitetónica para maximizar a utilização direta da luz e do calor solares. A segunda, a térmica ativa, utiliza colectores térmicos para aquecer fluidos para uso doméstico. O terceiro, a termodinâmica ativa, concentra a luz solar para produzir calor e eletricidade em grande escala. Finalmente, o quarto tipo, fotovoltaico, converte a luz solar diretamente em eletricidade através de células fotovoltaicas. Cada forma de energia solar oferece vantagens específicas em função das necessidades energéticas e das condições ambientais locais, contribuindo para a transição para sistemas energéticos mais sustentáveis e ecológicos e para a redução das emissões de gases com efeito de estufa.

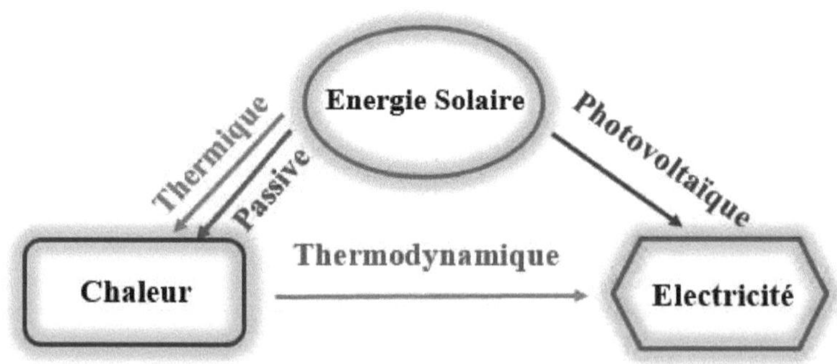

Informações gerais sobre a energia solar

1-Introdução :

Numa altura em que a crise climática está a aumentar e as reservas de combustíveis fósseis estão a diminuir, a questão da transição energética está a tornar-se uma prioridade global. Este livro explora os fundamentos das energias renováveis, não só como uma resposta aos desafios ambientais, mas também como uma oportunidade para redefinir a nossa relação com a energia. Compreender a evolução destas fontes de energia alternativas, bem como o seu potencial inexplorado, é crucial para construir um futuro energético sustentável capaz de satisfazer as necessidades crescentes da humanidade, preservando simultaneamente os ecossistemas de que dependemos.

2-Energia no mundo :

O panorama energético mundial é dominado pelos combustíveis fósseis, como o petróleo, o carvão e o gás natural, que fornecem a maior parte da energia utilizada para alimentar a indústria, os transportes e os agregados familiares. No entanto, esta dependência cria desafios críticos, nomeadamente em termos de segurança energética, volatilidade dos preços e disponibilidade a longo prazo. Ao mesmo tempo, as energias renováveis, embora representem ainda uma parte modesta da energia mundial, estão a crescer rapidamente graças às inovações tecnológicas e à pressão para reduzir as emissões de gases com efeito de estufa.

3-Combustíveis fósseis e impacto ambiental :

Os combustíveis fósseis, embora fundamentais para o desenvolvimento industrial, têm um custo ambiental elevado. $_2$A sua combustão liberta grandes quantidades de dióxido de carbono (CO) e outros poluentes, contribuindo para o aquecimento global, a poluição atmosférica e a acidificação dos oceanos. Além disso, a extração destes recursos conduz frequentemente à degradação ambiental, como a desflorestação, os derrames de petróleo e a destruição de habitats naturais. Estes impactos nocivos sublinham a necessidade urgente de uma transição para energias mais limpas e mais sustentáveis.

4- Da era do petróleo à era pós-petróleo :

Com o esgotamento gradual das reservas de petróleo e o reconhecimento dos riscos climáticos, o mundo está a avançar para uma nova era energética, frequentemente descrita como "pós-petróleo". Esta transição é marcada por uma diversificação das fontes de energia, uma maior utilização das energias renováveis e uma maior eficiência energética. As políticas públicas e a inovação tecnológica estão a desempenhar um papel crucial nesta transição, incentivando a procura de soluções alternativas para substituir o petróleo em sectores-chave como os transportes e a produção de energia.

5-Exploração das energias renováveis :

As energias renováveis são fontes de energia que se regeneram naturalmente numa escala de tempo humana, o que as torna praticamente inesgotáveis em comparação com os combustíveis fósseis. Estas fontes incluem a energia solar, eólica, hídrica, geotérmica e de biomassa. A sua exploração assenta em tecnologias específicas: painéis solares para captar a energia solar, turbinas eólicas para transformar a energia eólica em eletricidade, barragens para aproveitar a energia hidráulica, etc. Estas tecnologias permitem produzir energia com um impacto ambiental reduzido, o que é essencial para uma transição energética sustentável.

5.1- Energia verde :

As energias verdes são fontes de energia renováveis que não se esgotam com a utilização, com o objetivo de substituir os combustíveis fósseis e reduzir as emissões de gases com efeito de estufa responsáveis pelas alterações climáticas. A utilização das energias renováveis remonta a civilizações como os gregos e os romanos, que utilizavam a força da água para moer os cereais e a força do vento para fazer funcionar os moinhos. No entanto, o conceito moderno de energia renovável e o seu desenvolvimento são mais recentes.

Figura 1: Energias renováveis.

5.2-Os diferentes tipos de energias renováveis :

*Energia **solar**: a energia solar é captada pelos raios solares e pode ser convertida em eletricidade utilizando painéis solares fotovoltaicos ou utilizada diretamente para aquecer água ou ar utilizando sistemas solares térmicos.

*Energia **eólica**: A energia eólica é gerada pela força do vento que faz girar as turbinas eólicas. As turbinas eólicas convertem a energia cinética do vento em eletricidade.

*Energia de **biomassa**: A energia de biomassa é obtida a partir da combustão de matéria orgânica, como a madeira, os resíduos agrícolas, os resíduos de culturas e os resíduos orgânicos. Pode ser utilizada para produzir calor, eletricidade ou biogás.

Energia geotérmica: A energia geotérmica é extraída do calor da terra, que provém do núcleo terrestre e da decomposição radioactiva dos materiais. Pode ser utilizada para aquecimento direto, produção de eletricidade ou arrefecimento.

*Energia **marinha**: A energia marinha refere-se à energia extraída de fontes oceânicas, como as marés e as ondas. Trata-se de um recurso renovável promissor para a produção sustentável de eletricidade.

*Energia **hidroelétrica**: A energia hidroelétrica é produzida pela força da água em movimento, geralmente a partir de barragens ou centrais hidroeléctricas.

Dada a crescente necessidade de energia e as limitações das fontes convencionais, as energias renováveis oferecem uma solução sustentável. Derivadas de recursos naturais como a energia solar, eólica, hídrica, de biomassa e geotérmica, abrangem uma vasta gama de aplicações. As inovações em curso estão a cortar os custos, a reduzir as emissões e a prometer um futuro energético mais limpo e seguro para o mundo. A luz solar é uma fonte de energia limpa e segura que cobre a superfície da Terra de forma homogénea. Esta energia solar é abundante e amiga do ambiente, sendo que a energia solar de uma hora excede o consumo anual do mundo. Apesar do seu potencial, a energia solar precisa de ser convertida e armazenada para substituir os combustíveis convencionais.

6- Energia solar :

A energia solar é uma das formas mais abundantes e versáteis de energia renovável. Pode ser aproveitada de duas formas principais: através da energia fotovoltaica, que converte a luz do sol diretamente em eletricidade utilizando células solares, e através da energia solar térmica, que utiliza o calor do sol para gerar eletricidade ou para aplicações diretas, como o aquecimento de água. O enorme potencial da energia solar reside na sua disponibilidade quase universal e no seu baixo impacto ambiental, embora existam ainda desafios associados à produção de painéis solares e à sua eficiência.

7-História da energia solar :

A inteligência humana aproveita a energia solar há séculos, utilizando o calor do sol para aquecer as casas, cozinhar os alimentos e secar as colheitas. Sistemas simples como os fornos solares e os espelhos solares foram utilizados em várias civilizações, desde os faraós no Egito até aos gregos na Grécia. No século XIX, a energia solar começou a ser estudada com a descoberta do efeito fotovoltaico em 1839 pelo físico francês Alexandre Edmond Becquerel. Esta descoberta lançou as bases para as células solares actuais, uma vez que estabeleceu a base para a conversão direta da luz solar em eletricidade. Registaram-se progressos na tecnologia solar à medida que os investigadores desenvolviam células solares mais eficientes para aplicações espaciais. Em 1958, a NASA lançou o primeiro satélite alimentado por painéis solares, o Vanguard1. A crise do petróleo, que começou em 1973, e a crise global dos preços do petróleo levaram o mundo a virar-se para as energias renováveis, incluindo a energia solar. Os governos investiram na investigação e desenvolvimento de tecnologias solares. Foram desenvolvidos os primeiros sistemas solares residenciais, embora a sua adoção tenha sido limitada devido ao seu elevado custo. A utilização da energia solar estendeu-se a vários sectores, como a eletrificação rural e as aplicações espaciais. A energia solar registou um crescimento exponencial nos últimos anos. Os custos de produção baixaram consideravelmente graças à melhoria das tecnologias e ao aumento da escala de produção. Cada vez mais países em todo o mundo adoptaram políticas que incentivam a utilização da energia solar, tornando-a a escolha de energia verde.

8-Energia solar no espaço :

A avaliação dos recursos solares é um conceito fundamental no domínio da energia solar. Refere-se à quantidade de energia solar disponível numa dada região, num dado momento. Representa a energia solar incidente sobre uma superfície terrestre numa determinada área geográfica. Esta avaliação é determinada por factores como a latitude, a altitude, a orientação e a inclinação da superfície, bem como as condições meteorológicas locais. A avaliação dos recursos solares é essencial para determinar o potencial de utilização da energia solar numa área específica. Ajuda a determinar se uma área é adequada para a instalação de sistemas solares e a estimar a quantidade de energia solar que pode ser captada, seja para produção de eletricidade, aquecimento ou outras aplicações.

8.1-Le Soleil :

O Sol, a fonte da maior parte das energias renováveis, é de importância vital para a vida na Terra. Fornece a luz e o calor necessários à fotossíntese, ao clima e ao equilíbrio ecológico.

Dados relacionados com o sol	Valores
Tipo de estrela	Tipo espetral G (estrela anã branco-amarelada)
Massa	$^{30}\approx 2,10$ kg
Diâmetro	$^{6}\approx 1, 4 .10$ km (mais de 100 vezes a da Terra)
Temperatura da superfície	$\approx 5\ 778$ K
Temperatura central	$^{60}\approx 15 .10$ C
Brilho	$\approx 3,8 . {}^{26}10$ Watts
Composição química	(73,46%) H e (24,85%) He
Duração de uma rotação	$\approx 24,47$ j
Idade estimada	$\approx 4,7$ mil milhões de anos
Potência emitida pelo sol por unidade de área	$^{3}64 .10$ kW/m² (kW/m²)
Potência total emitida pelo sol	$^{26}3,94 .10$ W ≈ 400 Yottawatts
Potência recebida ao nível da Terra por unidade de área	1353 W.m^{-2}

Distância (Sol-Terra)	150 milhões de Km

Quadro 1: Dados relativos ao Sol.

8.2- O sol como fonte de energia :

[10]O Sol é um reator de fusão termonuclear que funciona há 5 mil milhões de anos, com um tempo de vida estimado em 10 anos. O processo baseia-se na conversão do hidrogénio em hélio (o ciclo de Bethe):

$$4\ {}^{1}_{1}H \longrightarrow {}^{4}_{2}He + 2\ {}^{0}_{1}e + 2\gamma + 26.7\ Mev$$

O Sol emite grandes quantidades de energia para o espaço, com uma potência estimada em 64 000 kW/m². [8]Esta radiação escapa em todas as direcções e propaga-se pelo espaço em feixes paralelos à velocidade da luz, que é de 3,10 m/s. Esta radiação colectiva, também designada por irradiância solar, percorre uma distância de cerca de 150 milhões de quilómetros para atingir as camadas exteriores da atmosfera terrestre, com uma potência de cerca de 1367 W/m². É a chamada constante solar.

8.3-Influência da atmosfera na radiação solar :

A influência da atmosfera na radiação solar refere-se ao impacto da atmosfera terrestre na energia solar proveniente do Sol, à medida que esta atravessa a atmosfera antes de atingir a superfície da Terra. A atmosfera actua como um filtro e um modificador da radiação solar, afectando a sua intensidade, distribuição e composição Figura 2.

Compreender a influência da atmosfera na radiação solar é crucial para uma série de domínios, incluindo a meteorologia, as ciências climáticas e a investigação sobre energias renováveis. Também realça a relação dinâmica entre a atmosfera da Terra e o balanço energético do planeta.

Vários factores contribuem para a atenuação da radiação solar:

***Dispersão:** As moléculas e partículas da atmosfera dispersam a radiação solar, sendo os comprimentos de onda mais curtos (azul e violeta) mais dispersos do que os comprimentos de onda mais longos (vermelho e laranja). É por esta razão que o céu parece azul durante o dia.

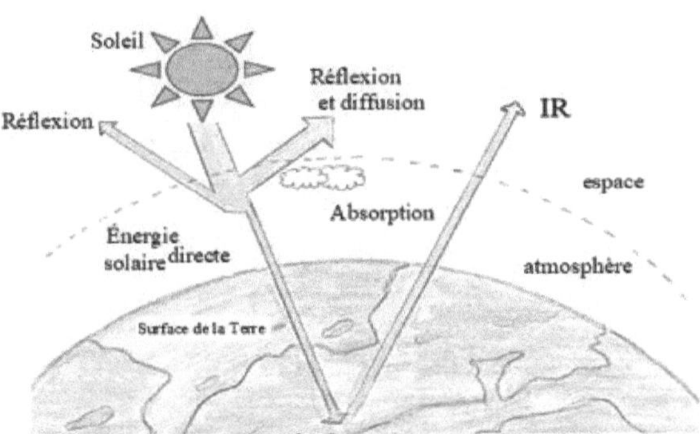

Figura 2: Absorção atmosférica.

***Absorção:** Certos componentes atmosféricos, como gases como o ozono (O_3), o dióxido de carbono (CO_2) e o vapor de água (H_2O), têm a capacidade de absorver seletivamente certos comprimentos de onda da radiação solar. Por exemplo, o ozono absorve parte da radiação ultravioleta (UV), enquanto o CO_2 e o vapor de água absorvem partes específicas da radiação infravermelha (IV). Esta absorção pode contribuir para o aquecimento da atmosfera.

***Reflexão:** Alguns dos raios solares são reflectidos para o espaço por nuvens, aerossóis e pela superfície da Terra. O albedo, a refletividade de uma superfície, desempenha um papel importante nesta reflexão.

***Atenuação:** a radiação solar é atenuada ao atravessar a atmosfera, o que significa que a sua intensidade diminui devido à dispersão e absorção.

***Comprimento do trajeto:** O ângulo com que a radiação solar entra na atmosfera influencia o comprimento do trajeto que percorre. A luz solar que passa por uma parte mais espessa da atmosfera é mais dispersa e absorvida.

8.4-Influência da massa de ar AM na radiação solar :

O conceito de massa de ar relativa (AM) em astronomia e meteorologia é utilizado para quantificar a quantidade de atmosfera que a luz solar tem de atravessar antes de chegar a um observador na superfície da Terra. A AM varia de acordo com o ângulo de incidência do sol no céu. A equação pode ser utilizada para calcular a AM em função do ângulo de elevação do sol h.

$$m' = 1 / sin(h)$$

^{00}Quando h = 90 (sol no zénite), sin (90) = 1, logo **m'= 1 (AM1).**

Segue-se um quadro que resume os diferentes casos de AM (massa de ar relativa) em função do ângulo de incidência (h) do sol:

Ângulo de incidência (h)	AM	Descrição
^{0}90 (**Zenit**)	AM1	A luz passa através da fina camada de atmosfera
30 ^{0}	AM2	A luz passa através de uma espessa camada de atmosfera
15 ^{0}	AM3	A luz passa através de uma espessa camada de atmosfera
^{0}0 (**Horizonte**)	AM infinito	A luz penetra na grande espessura da atmosfera

Quadro 2: Massa de ar relativa (AM).

Nota: Quando a massa relativa do ar (m'=0), isto significa uma observação efectuada fora da atmosfera terrestre. Isto corresponde ao conceito de AM0, que representa o espetro solar acima da atmosfera terrestre.

A atenuação da radiação solar refere-se à redução da intensidade da radiação solar à medida que esta atravessa a atmosfera terrestre. A atmosfera actua como um filtro para a radiação solar, o que significa que certos comprimentos de onda ou componentes da radiação podem ser parcialmente absorvidos, dispersos ou reflectidos antes de atingirem a superfície da Terra figura 2.

A radiação solar divide-se em aproximadamente : Ultravioleta UV (0,20 < l < 0,38 mm 6,4%). Visível (0,38 < l < 0,78 mm 48,0%). Infravermelhos IR (0,78 < l < 10 mm 45,6%).

8.5-Diagrama esquemático da radiação solar recebida ao nível do solo :

Num dia claro e sem nuvens, a maior parte dos raios diretos do Sol atinge a Terra sem mudar de direção. Quando os raios diretos encontram nuvens ou impurezas na atmosfera, o resultado é uma radiação dispersa que atinge a Terra a partir de todas as direcções. Parte da radiação incidente é reflectida pela envolvente da superfície coletora, formando a radiação reflectida.

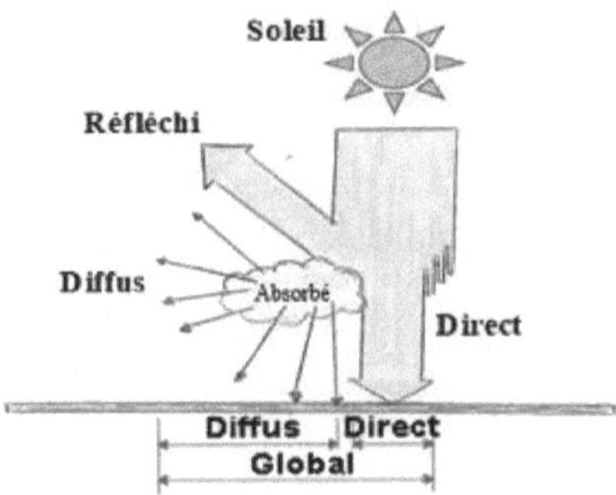

Figura 3: Radiação global = Radiação (direta + difusa + albedo).

8.5.1 Radiação global :

A soma das radiações direta, difusa e reflectida dá origem à radiação global, que depende principalmente da estação do ano e das condições meteorológicas locais. Representa a energia radiante total do sol que atinge uma superfície horizontal na superfície da Terra numa unidade específica de tempo. É de cerca de 1000 W/m² para a radiação solar vertical.

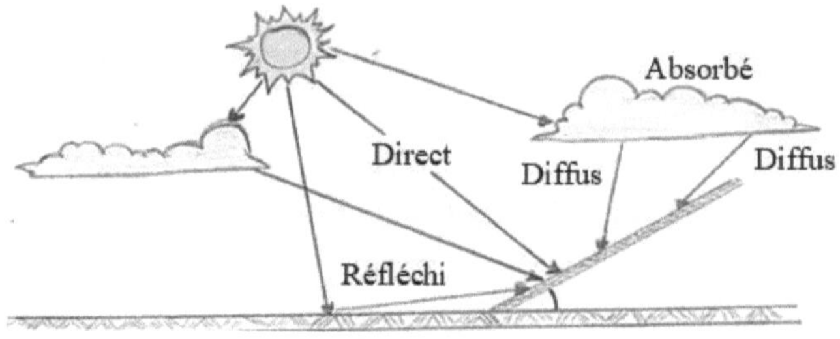

Figura 4: Radiação direta, difusa e reflectida.

8.5.2-Radiação solar reflectida :

A componente reflectida representa uma proporção menor da radiação solar. A parte reflectida depende do albedo, que é o coeficiente de reflexão solar da superfície recetora. O fluxo intercetado pela superfície depende então apenas da sua inclinação.

a-Albedo :

O albedo da Terra é definido como a proporção de energia incidente reflectida pela Terra em relação à energia recebida.

Tipo de superfície	Albedo (Refletividade)
Oceano	0.05
Lua	0.07
Floresta	0.12
Betão	0.15
Relva	0.25
Areia	0.37
Gelo	0.60
Nuvem	0.80
Neve	0.85
Espelho	≈ 1

Tabela 3: Valores de albedo.

Nem todos os corpos têm a mesma capacidade de reflexão: as superfícies claras (como a neve, o gelo, etc.) têm um albedo mais elevado do que as superfícies escuras (como a água do mar, a vegetação, etc.).

b-Radiação solar difusa :

A componente difusa da radiação solar representa o fluxo proveniente de todas as direcções do céu. Num céu encoberto, a radiação difusa domina a radiação direta. Num céu limpo, o efeito é menos acentuado.

Estado do céu	Descrição	Valor da radiação solar
Céu limpo ou soalheiro	Brilho intenso, luz solar direta, alta energia.	1000 W/m
Céu parcialment e nublado	Parcialmente nublado, bloqueando parcialmente o sol, sol moderado.	500 W/m
Nublado ou encoberto	As nuvens bloqueiam a maior parte dos raios diretos do sol e diminuem a luz.	250 W/m
Precipitação	A chuva ou a neve absorvem e difundem os raios solares, reduzindo consideravelmente a quantidade de luz solar.	< 250 W/m^2 ou menos

Tabela 4: Radiação solar em diferentes condições de céu.

8.5.3-Radiação solar direta :

A componente direta da radiação solar representa o fluxo solar que atinge diretamente a superfície quando esta está exposta ao sol. Esta componente depende principalmente do ângulo de elevação do sol e do ângulo de incidência num dado momento.

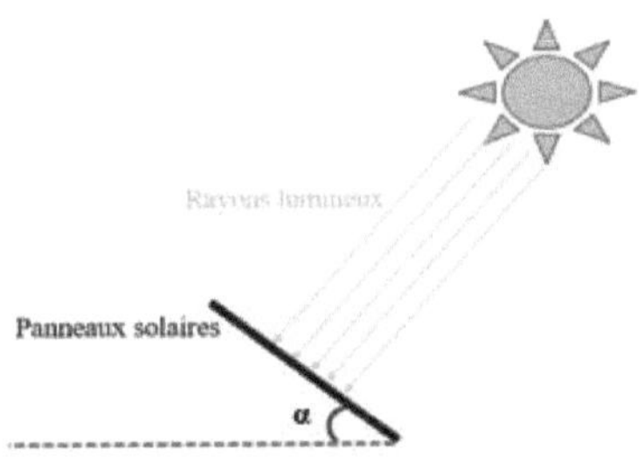

Figura 5: Radiação solar direta.

Quanto mais normal o fluxo for à superfície em questão, mais significativo é; quanto mais obstáculos existirem, mais fraco se torna.

9-Movimentos da Terra :

A Terra sofre dois movimentos principais: a rotação em torno do seu próprio eixo e a revolução em torno do Sol.

*A rotação da Terra é o movimento pelo qual o planeta gira em torno do seu eixo imaginário, chamado eixo de rotação. Este movimento é responsável pela alternância entre o dia e a noite. A Terra completa uma rotação completa em aproximadamente 24 horas, o que corresponde a um dia. Durante a rotação, diferentes partes da Terra são expostas à luz solar, criando o ciclo dia-noite.

*A revolução da Terra é o movimento pelo qual o planeta gira em torno do Sol. A Terra segue uma órbita elíptica em torno do Sol, com o Sol próximo de um dos focos dessa elipse. O tempo necessário para a Terra efetuar uma volta completa em torno do Sol é de aproximadamente 365,25 dias, o que corresponde a um ano. Esta é a base do calendário que utilizamos, com um ano bissexto adicionado de quatro em quatro anos para ter em conta o quarto de dia extra.

A combinação da rotação da Terra sobre o seu eixo com a sua revolução em torno do Sol resulta numa série de fenómenos observáveis:

-Dia e noite: Devido à rotação da Terra, diferentes partes do globo são expostas à luz solar, criando o ciclo dia-noite. Como a Terra é redonda e a luz viaja em linha reta, o Sol não pode iluminar toda a superfície da Terra ao mesmo tempo. Quando um lado da Terra é iluminado, é dia, e se o outro lado não recebe luz solar, é noite.

-Estações do ano: Devido à inclinação do eixo da Terra em relação ao seu plano orbital, as diferentes regiões da Terra recebem quantidades variáveis de radiação solar ao longo do ano. Este facto dá origem a mudanças sazonais, como o verão, o inverno, a primavera e o outono.

-Anos bissextos: Para compensar o quarto de dia extra no ano, é acrescentado um ano bissexto de quatro em quatro anos.

9.1-Rotação e órbita da Terra em torno do Sol :

Na sua órbita em torno do Sol, a Terra segue uma trajetória elíptica, completando uma órbita completa em torno do Sol num ano e uma rotação completa sobre o seu eixo em 24 horas. A inclinação axial, com um ângulo de declinação de 23°27', é responsável pela mudança das estações.

***Durante o solstício de verão (21 de junho):** a Terra está inclinada na direção dos raios solares. Uma pessoa que viva a uma latitude de 66°33' N teria de ficar acordada até à meia-noite para ver o Sol dar a volta ao norte, mergulhar até tocar no horizonte e recomeçar a nascer na parte oriental do céu. A altura do Sol ao meio-dia solar é 23°27' mais elevada do que no equinócio.

$$H = 90° - L + 23°27$$

***Durante o solstício de inverno (22 de dezembro):** o ângulo de inclinação é invertido e é o Trópico de Capricórnio (latitude 23°27' S) que recebe a luz solar perpendicular. A altura do Sol ao meio-dia solar é 23°27' mais baixa do que no equinócio.

$$H = 90° - L - 23°27'$$

***Durante os equinócios da primavera e do outono (21 de março e 21 de setembro):** ao meio-dia, os raios do Sol são perpendiculares ao equador e, em todo o globo, os dias e as noites têm a mesma duração. A altura do Sol ao meio-dia solar é a mais fácil de calcular.

$$H = 90° - L$$

10-Localização de um sítio na superfície da Terra :

É possível determinar a posição do Sol na esfera celeste em função do tempo e da posição do observador na Terra. Para localizar um ponto exato na superfície da Terra, são definidos os parâmetros seguintes:

10.1-Coordenadas geográficas :

a-Latitude (θ): Especifica a localização de um ponto relativamente ao equador; varia de 0° no equador a 90° Norte (ou Sul) nos pólos. Representa a distância angular do local S em relação ao plano do equador, com θ variando de -90° a +90°.

Assim: θ > 0 indica o norte, θ < 0 indica o sul.

b-Longitude (φ): É o ângulo φ formado entre o meridiano de Greenwich e o meridiano do local. A longitude varia de -180 (oeste) a +180 (leste). Como a Terra leva 24 horas para completar uma rotação (360°), cada hora representa uma diferença de longitude de 15°, fazendo com que cada grau de longitude seja igual a 4 minutos.

c-Altitude (z): É a distância vertical, expressa em metros, que separa o ponto de relevo na superfície terrestre do nível do mar, tomado como superfície de referência.

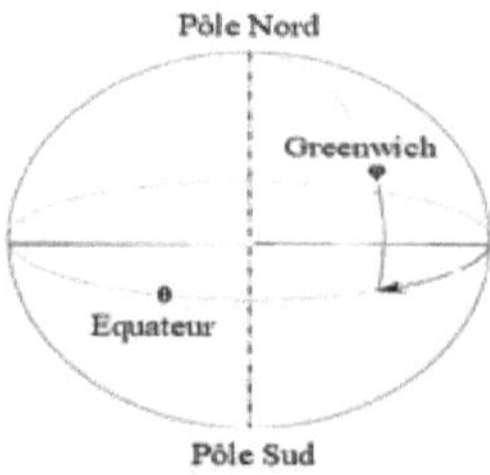

Figura 6: Coordenadas geográficas.

11-Movimento aparente do Sol :

Para compreender e utilizar plenamente a influência do Sol na escolha e tratamento de um sítio, é essencial conhecer a posição do Sol no céu em cada momento. Esta informação é crucial para calcular os ganhos solares, escolher a orientação de um edifício, posicionar sistemas solares activos (térmicos ou fotovoltaicos), conceber espaços exteriores vizinhos, iluminar naturalmente as divisões interiores, determinar a localização das janelas, ajardinar, etc.

Figura 7: Movimento aparente do Sol.

A posição do Sol na esfera celeste é determinada em qualquer altura do dia utilizando dois sistemas de coordenadas:

11.1-Coordenadas equatoriais :

As coordenadas equatoriais são independentes da localização do observador na Terra, mas estão ligadas ao momento da observação. A posição do Sol é expressa através de dois ângulos, que são :

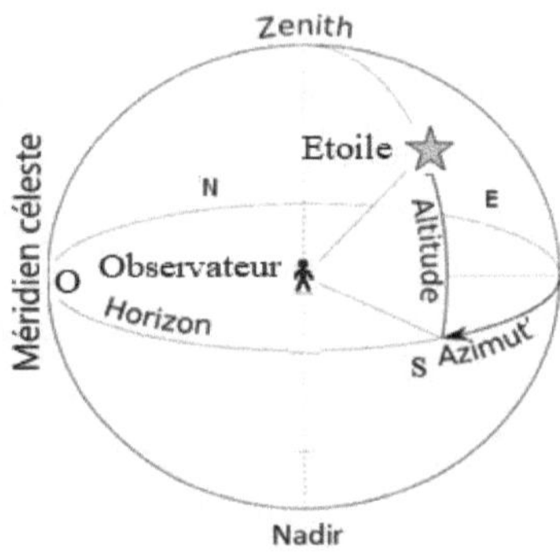

Figura 8: Coordenadas terrestres.

a-Declinação (δ):

É o ângulo entre a direção do Sol e o plano equatorial, e varia sinusoidalmente ao longo do ano. Foram desenvolvidas várias expressões para calcular a declinação, por exemplo.

$$\delta = 23{,}45 \times \sin\left[360/365 \times (n+284)\right]$$

Em que n é o número do dia do ano, de 1 a 365.

Equinócio da primavera: 21 de março; $\delta = 0$

Solstício de verão: 22 de junho; $\delta = +23° 27'$.

Equinócio de outono: 23 de setembro; $\delta = 0$

Solstício de inverno: 22 de dezembro; $\delta = -23° 27'$.

Como a declinação é uma função sinusoidal, ela muda rapidamente em torno dos equinócios (0,4°/dia), enquanto permanece praticamente estacionária durante os períodos em torno dos solstícios de verão e inverno.

b- Ângulo horário (ω) :

O ângulo horário mede o movimento do Sol em relação ao meio-dia, o momento em que o Sol atravessa o plano meridiano do zénite. Este ângulo é formado entre a projeção do Sol no plano equatorial num dado momento e a projeção do Sol no mesmo plano ao meio-dia verdadeiro. O ângulo horário é dado pela equação seguinte:

$$\omega = 15 \times (TSV - 12)$$

Onde ω em graus e TSV é o tempo solar verdadeiro em horas, conforme descrito abaixo.

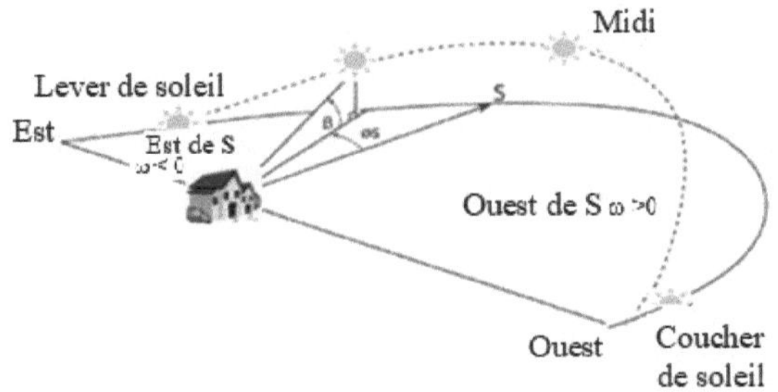

Figura 9: Ângulo horário solar (ω).

11.2-Coordenadas horizontais :

O Sol é identificado pelas seguintes quantidades:

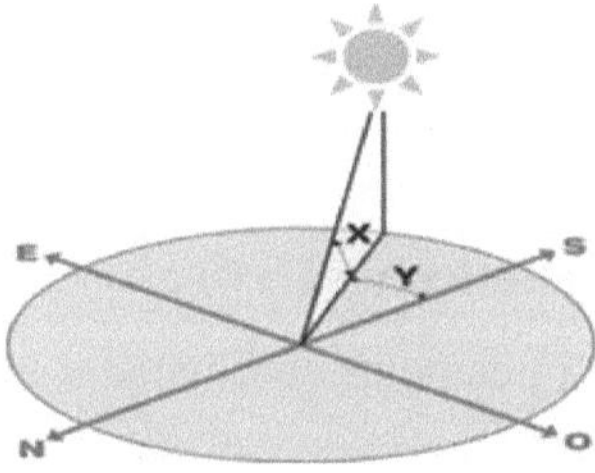

Figura 10: Coordenadas solares no sistema de coordenadas horizontais.

a-Angulo de elevação solar (h): Este ângulo é o ângulo entre a direção do Sol e o plano horizontal. h varia de 0° a 90° na direção do zénite e de 0° a -90° na direção do nadir. O ângulo de elevação do Sol é dado por :

$$\mathbf{sin\ h = sin\ \theta \times sin\ \delta + cos\ \theta \times cos\ \delta \times cos\ \omega}$$

b-Angulo azimutal (a): O ângulo azimutal é o ângulo entre o plano vertical que contém o raio solar e a direção sul. É medido de 0° a 360° no sentido dos ponteiros do relógio a partir do sul. A equação para calcular o ângulo azimutal é dada a seguir:

$$\sin a = \cos \delta \times \sin \omega / \cos h$$

c-Ângulo zenital (Z): Este ângulo é o ângulo entre a direção do Sol e a vertical no local (zénite). O ângulo Z é complementar de h.

12-tempo :

A Terra sofre dois tipos de movimento: a rotação em torno do seu eixo polar e a revolução em torno do Sol. A rotação da Terra sobre si mesma define a noção de dia solar. Uma rotação completa demora 24 horas, definindo assim o tempo, uma vez que cada hora corresponde a um desvio angular de 15°. A revolução da Terra em torno do Sol define as estações do ano e dá origem à distinção do tempo solar verdadeiro (TSV).

$$\omega = 15 \times (TSV - 12)$$

Onde ω em graus e TSV é o tempo solar verdadeiro (hora).

12.1- Tempo solar verdadeiro (TSV) :

A Hora Solar (TS) é definida pelas coordenadas angulares reais do Sol. É calculado a partir do Tempo Solar Médio (TSM), adicionando a equação do tempo (Et) :

$$TSV = TSM + Et$$

12.2-Tempo solar médio (TSM) :

A diferença entre o Tempo Solar Médio e o Tempo Universal é designada por correção da longitude. O tempo solar médio (MST) está relacionado com o tempo universal (UT) através da seguinte relação:

$$TSM = TU + \varphi/15$$

Onde φ é a longitude do local, positiva para longitudes leste e negativa para longitudes oeste. A TSM é expressa em horas.

12.3-Tempo universal (UT) :

O Tempo Universal (TU) é determinado pela hora a que o Sol atravessa o meridiano principal. O meridiano principal escolhido é o Tempo Médio de Greenwich (GMT), e o Tempo Solar Médio (MST) corresponde ao Tempo Universal (UT) a 0° de longitude.

12.4-Equação do tempo (Et) :

A equação do tempo tem em conta a variação da velocidade de rotação da Terra. É dada pela seguinte equação :

$$_{000}Et = 9{,}87 \times \sin(2 \times \beta) - 7{,}53 \times \cos(\beta) - 1{,}5 \times \sin(\beta) \text{ (minutos)}$$

Onde:

$_{0\,0}\beta$: o ângulo de acordo com o número de dias do ano. $\beta = 360/365 \times (n\text{-}81)$ (graus)

Em que Et é expresso em minutos e n é o número do dia do ano que começa em 1 de janeiro.

Nota: Para um local de longitude φ, existe uma correspondência direta entre o ângulo horário ω, a hora solar TSV, a hora solar local TSL e a hora universal TU :

$$\omega = 15 \times (TSV - 12)$$

$$TSV = TSM + Et$$

$$TSM = TU + \varphi/15$$

$$\omega = 15 \times (TU + \varphi/15 + Et - 12)$$

12.5-Tempo legal TL :

A hora legal, abreviadamente designada por TL, refere-se à hora indicada pelos relógios de uma determinada região ou país. Serve como hora de referência utilizada pela população para coordenar as actividades diárias, os horários de trabalho, os compromissos e outros eventos. A hora legal (TL) é geralmente determinada com base no Tempo Universal Coordenado (UTC), também conhecido como hora civil ou hora padrão. O Tempo Universal Coordenado é uma escala de tempo reconhecida mundialmente, baseada em relógios atómicos e utilizada para manter uma referência de tempo comum em todo o mundo. A relação entre TL e TU depende principalmente dos fusos horários e de quaisquer ajustamentos para a hora de verão e de inverno, bem como da correção sazonal.

$$_1TL = TU + C + C_2$$

$$_1TU = TL - C - C_2$$

1 : $_{11}C$ Correção do fuso horário (C >0 a leste de GMT, C <0 a oeste de GMT).

2 $_{22}C$: Correção sazonal ex (C =0h no inverno e C =+1h no verão).

$_{122}$Por exemplo: França C =+1h e C =0 para o inverno e C =+1h para o verão.

Estas diferentes transições de uma hora para a outra são resumidas a seguir:

$$TL - C_1 - C_2 - \varphi/15 + Et$$

TU

TSM

TSV

A equação do tempo varia entre -14,5 minutos (de 10 a 15 de fevereiro) e +16,5 minutos (de 25 a 30 de outubro).

12.6-Número do dia do ano n : O cálculo do número de dias do ano consiste em adicionar o número do dia do mês (dia do mês) ao número caraterístico de cada mês. n varia de 1 (1 de janeiro) a 365 (31 de dezembro), ou seja, 366 para um ano bissexto. O quadro seguinte apresenta os números caraterísticos de cada mês.

Mês	Jan	Fev	Mar	abril	maio	Jun	Jul	agosto	setembro	outubro	Nov	Dez
Número do dia	0	31	59	90	120	151	181	212	243	273	304	334

Quadro 5: Número de dias no início de cada mês.

12.7-Ao nascer e ao pôr do sol :

Dada a declinação δ e a latitude θ do local observado, podemos calcular a hora solar efectiva do nascer e do pôr do sol utilizando as seguintes equações

$$TSV_{Sunrise} = 12 - [Arc\ cos\ (-tan(\theta) \times tan(\delta))] / 15.$$

$$TSV_{sunset} = 12 + [Arc\ cos\ (-tan(\theta) \times tan(\delta))] / 15.$$

Nota: Se tan(θ) × tan(δ)>1, o Sol não nasce;

Se tan(θ) × tan(δ)<1, o Sol não se põe.

12.8-Duração do sol :

A duração da insolação de um dia, designada por Di, corresponde ao período entre o nascer e o pôr do sol na ausência de nuvens. Esta duração é equivalente à duração astronómica do dia e pode ser facilmente obtida em termos de ângulo horário através da seguinte equação:

$$_iD = (2/15) \times [Arc\ cos\ (-tan(\theta) \times tan(\delta))]$$

13-Fenómeno das sombras :

Figura 11: Fenómeno das sombras

Qualquer obstáculo que possa bloquear os raios solares é designado por máscara solar. De um modo geral, existem dois tipos de máscaras:

***Máscaras de proximidade**: correspondem a obstáculos próximos (vegetação, edifícios, etc.).

***Sombras longínquas:** correspondem a obstáculos distantes, como montanhas e colinas no horizonte. O efeito do sombreamento num dado momento depende das coordenadas do sol e das caraterísticas geométricas do sistema de sombreamento ou do obstáculo, em relação ao elemento sombreado ou protegido. Para otimizar o aproveitamento da radiação solar, devem ser evitados, tanto quanto possível, os obstáculos à radiação solar ou as máscaras solares.

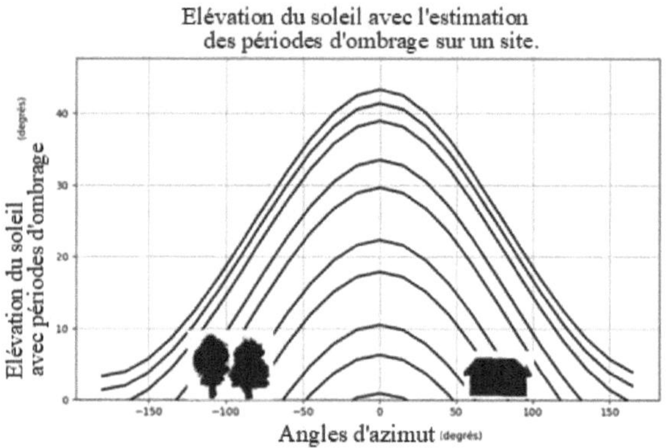

Figura 12: Diagrama da trajetória do sol durante os períodos de sombreamento num sítio.

Os diagramas de trajetória solar, como o apresentado na Figura 11, não só ajudam a compreender onde está o sol num determinado momento, como também têm uma aplicação muito prática no terreno quando se tenta prever os padrões de sombreamento num local.

14-Medição da energia da radiação :

A diferença entre "Irradiância Solar" e "Irradiação Solar" :

***Irradiância solar:** A irradiância solar mede a potência da radiação solar que incide numa superfície específica por unidade de área, expressa em watts por metro quadrado (**W/m²**). Representa uma medida instantânea da potência da radiação solar num momento específico.

***Irradiância solar:** A irradiância solar mede a quantidade total de energia solar recebida por uma superfície específica durante um determinado período (dia, hora, mês, ano), expressa em joules por metro quadrado (**J/m²**) ou watt-hora por metro quadrado (**Wh/m²**). Representa uma medida cumulativa da energia solar durante um determinado período de tempo.

15-Componentes da irradiação solar :

A radiação solar ao nível do solo consiste principalmente em radiação direta, que vem diretamente do sol e é ligeiramente enfraquecida por dispersão ou absorção ao passar pela atmosfera, e radiação difusa, que vem de todo o céu devido à dispersão da radiação direta por moléculas e aerossóis... A radiação global recebida ao nível do solo é, por conseguinte, a soma destas duas componentes:

Irradiância solar $^{-2}$Fluxo instantâneo (**W.m**)	G* GLOBAL DIFUSÃO D* DIRECTO I*	**G* = I*+D***
Irradiação solar $^{-2}$Energia recebida durante um período de tempo (**KWh.m**)	GLOBAL G DIFUSÃO D DIRECTO I	**G = I+D**

Tabela 6: Notações para os componentes da radiação solar.

16-Equipamento de medição da radiação solar :

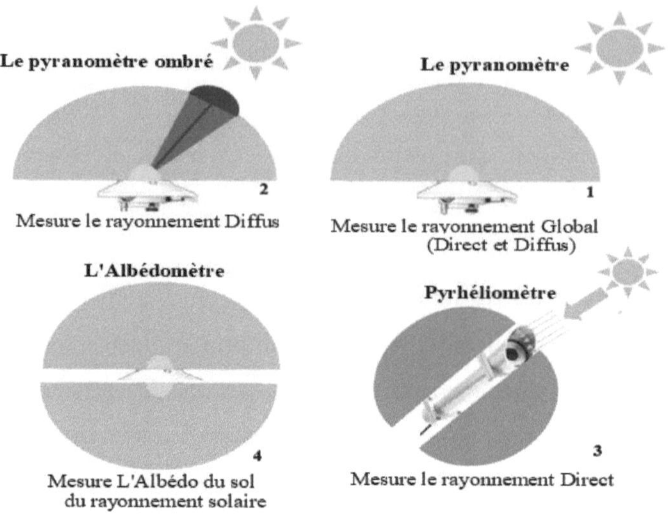

Figura 13: Instrumentos de medição da radiação solar.

17-Potencial solar a nível mundial :

O potencial solar do mundo é imenso e desigualmente distribuído, oferecendo uma fonte abundante e quase ilimitada de energia renovável. Cerca de 173 000 terawatts de energia solar chegam à Terra todos os dias, excedendo largamente as actuais necessidades energéticas do mundo. No entanto, este potencial varia consideravelmente consoante a latitude, o clima, a altitude e a orientação geográfica. As regiões próximas do equador, como a África subsariana, o Médio Oriente e partes da América Latina, beneficiam de uma radiação solar intensa e constante, o que as torna zonas particularmente favoráveis ao aproveitamento da energia solar. Por outro lado, as regiões mais afastadas do equador, como o Norte da Europa e o Canadá, têm menos potencial solar devido à baixa incidência de luz solar e às condições climatéricas frequentemente nubladas. Apesar destas disparidades, os avanços tecnológicos e a diminuição do custo dos sistemas fotovoltaicos permitem atualmente o aproveitamento eficaz da energia solar, mesmo em regiões com menor potencial solar, tornando esta fonte de energia cada vez mais acessível em todo o mundo. Esta forma de energia oferece muitas vantagens em termos de conversão térmica, principalmente para aquecimento e produção de eletricidade. É uma fonte de energia disponível, económica e amiga do ambiente, que requer uma manutenção mínima.

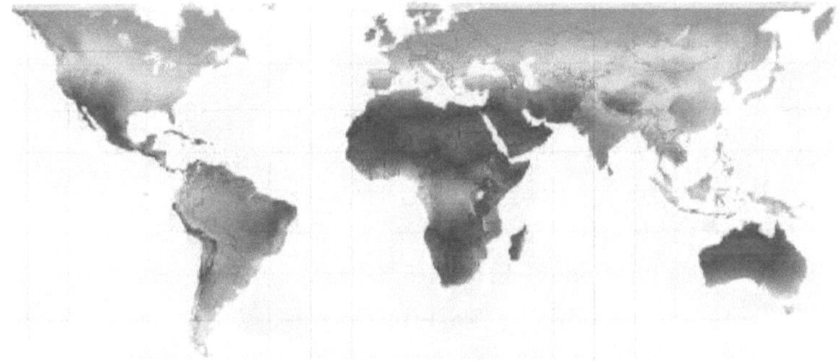

Figura 14: Mapa mundial que mostra a insolação média anual.

Energia solar fotovoltaica

1-Introdução :

À medida que a industrialização avança, o problema crescente da escassez de energia está a tornar-se mais agudo. As tecnologias fotovoltaicas (PV) estão a desenvolver-se rapidamente e a ocupar um lugar cada vez mais importante na tecnologia eléctrica. Estão a posicionar-se como a principal fonte de energia verde para o novo século. Atualmente, estão a ser desenvolvidos grandes esforços para melhorar o desempenho elétrico das células (ou módulos) e dos sistemas fotovoltaicos, com o objetivo de reduzir as perdas de energia nas instalações fotovoltaicas. O objetivo desta iniciativa é reduzir consideravelmente os custos associados às instalações fotovoltaicas e, ao mesmo tempo, incentivar as pessoas a adoptarem mais energia verde.

2-História da energia fotovoltaica :

O conhecimento do efeito fotovoltaico é muito antigo e as etapas da sua evolução histórica são as seguintes:

Em 1839, o físico francês Edmond Becquerel descobriu o processo de utilização da luz solar para gerar corrente eléctrica num material sólido, conhecido como efeito fotovoltaico.

Em 1875, Werner Von Siemens apresentou um trabalho à Academia de Ciências de Berlim sobre o efeito fotovoltaico em semicondutores. No entanto, até à Segunda Guerra Mundial, este fenómeno permaneceu sobretudo uma curiosidade de laboratório.

Nos anos 50, os investigadores da Bell Telephone, nos Estados Unidos, conseguiram fabricar a primeira célula solar, o principal componente de um sistema fotovoltaico.

Em 1954, três investigadores americanos dos Laboratórios Bell, Gerald Pearson, Daryl Chapin e Calvin Fuller, desenvolveram uma célula fotovoltaica de elevada eficiência para responder às necessidades crescentes da indústria espacial, que procurava soluções inovadoras para alimentar os seus satélites.

Em 1958, foi desenvolvida uma célula com uma eficiência de 9%. Os primeiros satélites alimentados por células solares foram enviados para o espaço.

Em 1973, a primeira casa alimentada por células fotovoltaicas foi construída na Universidade de Delaware.

Em 1983, o primeiro carro movido a energia fotovoltaica percorreu uma distância de 4.000 km na Austrália, marcando um avanço significativo na aplicação prática desta tecnologia.

3-Conversão fotovoltaica :

3.1-Definição :

A conversão da energia dos fotões de luz solar em eletricidade baseia-se no princípio fundamental do efeito fotovoltaico.

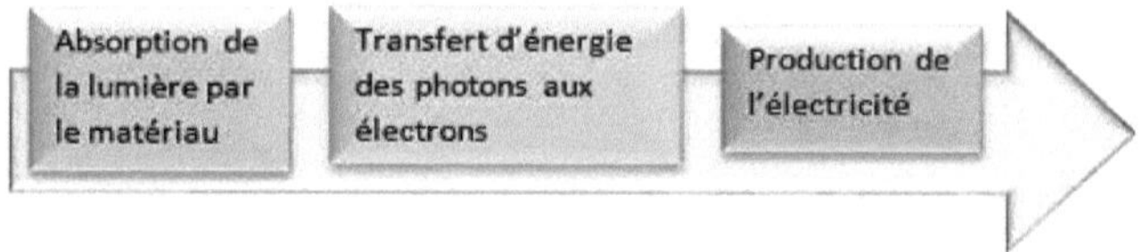

3.2-Uma pequena história do efeito fotovoltaico (origem da descoberta) :

Em 1839, foi descoberto um fenómeno que gera uma pequena quantidade de eletricidade quando certos materiais são expostos à luz, conhecido como efeito fotovoltaico. O termo "fotovoltaico" vem de "foto" (do grego "phos" que significa "luz") e "Volt" (em homenagem ao físico Alessandro Volta, um dos maiores contribuintes para a investigação eléctrica).

Figura 15: Alexandre Edmond Becquerel (1820 - 1891)

Este avanço tem as suas raízes no trabalho de Alexandre Edmond Becquerel, um físico francês que nasceu em Paris em 24 de março de 1820 e morreu em 11 de maio de 1891. É famoso pela sua descoberta do efeito fotovoltaico em 1839 e pela realização da primeira fotografia a cores em 1848. O efeito fotovoltaico, descoberto por Edmond Becquerel, consiste na transmissão da energia luminosa aos electrões de um semicondutor, formando uma célula fotovoltaica sem intervenção mecânica, ruído, poluição ou necessidade de combustível.

O Prémio Becquerel tem o nome de Alexandre Edmond Becquerel, pioneiro da tecnologia fotovoltaica. Nascido a 24 de março de 1820 em Paris, sucedeu ao seu pai Antoine César Becquerel no Muséum National d'Histoire Naturelle. Aos 19 anos, Becquerel desenvolveu um actinómetro eletroquímico que consistia em duas placas fotossensíveis revestidas com cloreto de prata, colocadas em compartimentos separados cheios de água acidificada. Enquanto uma das placas era exposta à luz, a outra permanecia no escuro. Utilizando um galvanómetro, foi medida uma pequena corrente eléctrica quando a primeira placa foi exposta à luz, demonstrando o efeito fotovoltaico. Becquerel concluiu que a luz, e não a temperatura, era a causa deste fenómeno.

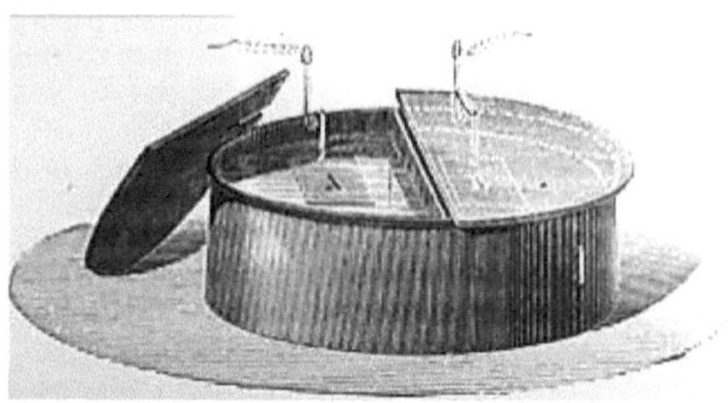

Figura 16: Actinómetro **eletroquímico**

Para além do seu trabalho sobre a energia fotovoltaica, Alexandre Edmond Becquerel esteve ativamente envolvido noutras investigações relacionadas com os efeitos da luz, incluindo a fotografia e a fosforescência. Em 1868, publicou o importante livro "A luz, as suas causas e efeitos".

É importante notar que Alexandre Edmond Becquerel não deve ser confundido com o seu filho Henri Becquerel, galardoado com o Prémio Nobel da Física pela descoberta da radioatividade.

4-Efeito fotovoltaico :

Edmond Becquerel foi um notável inovador no estudo dos efeitos da luz em vários domínios científicos. Albert Einstein explicou o fenómeno fotoelétrico em 1905, mas só no início dos anos 50 é que este levou à criação das primeiras células fotovoltaicas de silício. As primeiras células solares de homojunção de silício, desenvolvidas nos anos 50, marcaram o início da conversão fotovoltaica, com um rendimento inicial de cerca de 4,5%. A partir dos anos 60, os progressos permitiram atingir eficiências superiores a 10% com as células à base de silício monocristalino, embora a sua utilização estivesse inicialmente limitada ao espaço devido ao seu elevado custo. Desde então, a indústria fotovoltaica tem concentrado os seus esforços na melhoria do desempenho e na redução dos custos, permitindo uma adoção mais ampla e competitiva da energia solar no mercado.

5-A célula solar :

5.1-Definição :

A célula solar fotovoltaica converte a luz diretamente em eletricidade utilizando materiais semicondutores como o silício. É constituída por uma camada semicondutora, uma camada antirreflexo, uma grelha condutora (cátodo) na parte superior, um metal condutor (ânodo) na parte inferior e, por vezes, multicamadas reflectoras para melhorar a eficiência. O silício, utilizado pela sua disponibilidade e não toxicidade, apresenta-se sob duas formas principais: monocristalino e multicristalino. Apesar da sua desvantagem de ter um intervalo indireto de 1,1 eV, o silício é amplamente utilizado e continuamente melhorado para aumentar a eficiência das células solares. Os investigadores estão também a explorar outros materiais com diferentes intervalos de energia para melhorar ainda mais estas tecnologias.

Symbole chimique	Propriété	Valeur
Si	Numéro atomique	14
	Masse atomique	28.085 u
	Groupe	14 (Famille du Carbone)
	Période	3
	Structure électronique	$1s^2\,2s^2\,2p^6\,3s^2\,3p^2$
	Configuration électronique	[Ne] $3s^2\,3p^2$
	Masse volumique	2330 Kg/m^3
	État de la matière	Solide à 25^{0}C
	Point de fusion	1 683 °C
	Point d'ébullition	2 628 °C
	Coefficient de dilatation thermique	$4{,}2 \cdot 10^{-6}$/K
	Type de matériau	Semi-conducteur
	Electronégativité	1.90
	Abondance (la croûte terrestre)	27.7%

Quadro 7: Caraterísticas do silício (Si)

O silício é um elemento químico da família dos metais semicondutores, com o símbolo Si e o número atómico 14. Pertence ao grupo 14 da tabela periódica dos elementos. O silício é o segundo elemento mais abundante na crosta terrestre, a seguir ao oxigénio, e é amplamente utilizado em vários domínios, nomeadamente na indústria eletrónica.

$_2$A fórmula química SiO representa o dióxido de silício, também conhecido como sílica. É um composto químico constituído por um átomo de silício ligado a dois átomos de oxigénio. A sílica é uma das formas mais comuns de silício na natureza e está presente em várias formas cristalinas e amorfas.

Semicondutores	Símbolo	Eg (eV)(gap)
Silício	Se	1.1 (indireta)
Germânio	Ge	0,7(indireto)
Arsenieto de gálio	GaAs	1.4 (direto)
Nitreto de gálio	GaN	3.4 (direto)
Sulfureto de cádmio	CdS	2.42(direto)

Tabela 8: Valores de gap para vários semicondutores

6-Teoria das bandas de energia dos semicondutores :

6.1-Estrutura eletrónica dos átomos: A teoria das bandas de energia começa com uma compreensão da estrutura eletrónica dos átomos. Cada átomo tem níveis de energia discretos, mas quando muitos átomos se combinam para formar um material sólido, estes níveis de energia fundem-se para formar bandas de energia contínuas.

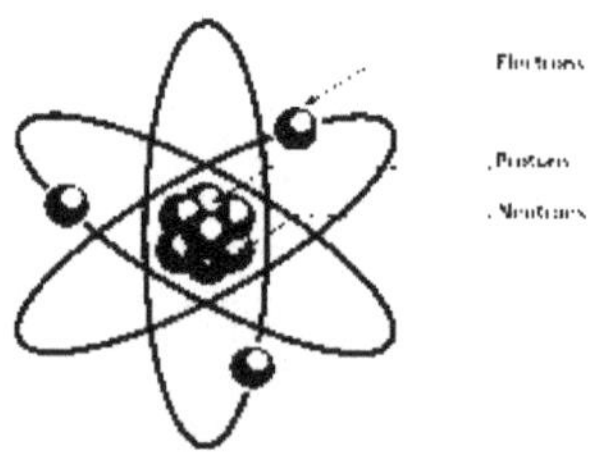

Figura 17: Estrutura eletrónica do átomo

6.2-Formação de bandas de energia : Quando um grande número de átomos está agrupado num cristal, os níveis de energia dos electrões individuais sobrepõem-se, criando bandas de energia. A banda de energia mais baixa é a "banda de valência", ocupada pelos electrões ligados aos átomos, enquanto a banda de energia mais alta é a "banda de condução", onde os electrões podem mover-se livremente.

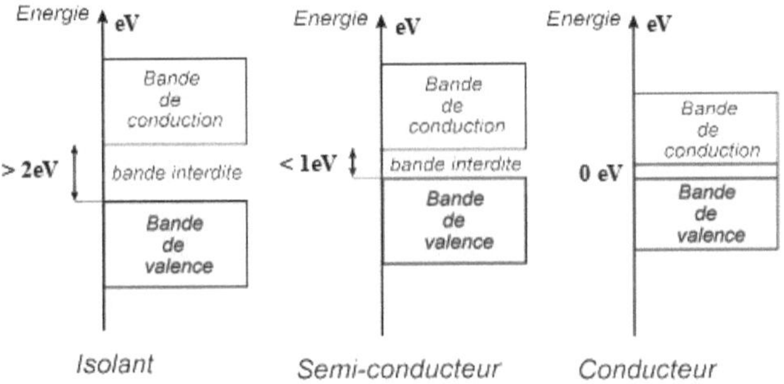

Figura 18: Faixas de energia

a-Bandas proibidas : Entre a banda de valência e a banda de condução existe uma região proibida (gap ou banda proibida) onde os níveis de energia não são permitidos. Este intervalo determina a condutividade eléctrica do material.

- *Hiato direto:* Quando o mínimo da banda de condução e o máximo da banda de valência correspondem ao mesmo valor do vetor de onda (k), o hiato é direto. O GaAs e o CdTe são exemplos de materiais com hiato direto.

- *Hiato indireto:* Desta vez, a transição entre os extremos das bandas não se faz verticalmente, mas obliquamente. A uma energia igual ou ligeiramente superior à do fosso, só é possível absorver o fotão graças à intervenção de um fão. Este facto acrescenta uma nova condição à absorção, reduzindo consideravelmente a sua probabilidade. O silício cristalino é um exemplo de semicondutor de fenda indireta.

Nota: Quando a energia do fotão é inferior ao intervalo no material, a transição não é possível e o fotão não é absorvido.

b-Isoladores : Os isoladores têm um intervalo de banda maior, exigindo uma quantidade significativa de energia para mover um eletrão para a banda de condução. À temperatura ambiente, têm uma condutividade eléctrica muito baixa.

c-Semicondutores: Os semicondutores têm um pequeno intervalo de banda, o que significa que é necessária relativamente pouca energia para mover um eletrão da banda de valência para a banda de condução. À temperatura ambiente, alguns electrões podem ser excitados termicamente para atingir a banda de condução, permitindo a condução eléctrica.

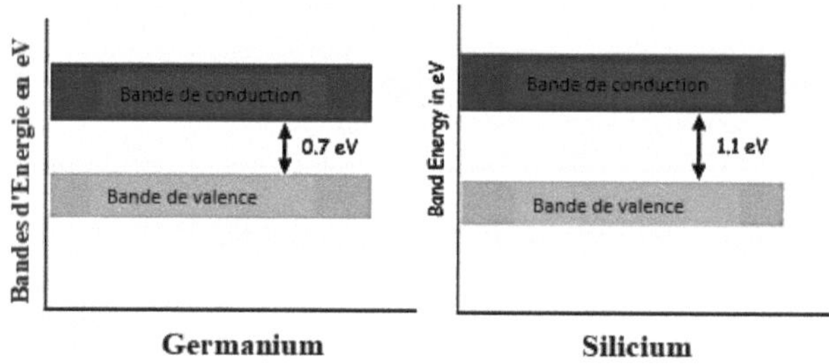

Figura 19: O intervalo entre os semicondutores de Ge e Si

d-Condutores: Os condutores têm uma banda de condução que se sobrepõe parcialmente à banda de valência, permitindo que os electrões se movimentem facilmente.

7-Doping :

A dopagem é a técnica utilizada para transformar um semicondutor intrínseco, que é um material puro, num semicondutor extrínseco através da adição de impurezas específicas. Este processo modifica as propriedades eléctricas do material, aumentando o número de portadores de carga, electrões ou buracos, melhorando assim a sua condutividade e permitindo a sua utilização em vários dispositivos electrónicos.

7.1- Semicondutores intrínsecos :

Um semicondutor intrínseco é um material semicondutor puro, sem adição intencional de impurezas. À temperatura ambiente, os electrões podem ganhar termicamente energia suficiente para passar da banda de valência para a banda de condução, criando pares eletrão-buraco. O número de electrões livres é igual ao número de buracos.

Exemplos: silício puro (Si), germânio puro (Ge).

7.2-Semicondutores extrínsecos :

Um semicondutor extrínseco é um material semicondutor que foi dopado com impurezas para modificar as suas propriedades eléctricas.

Dopagem de tipo N: Introdução de impurezas dadoras (por exemplo, fósforo no silício) que fornecem electrões adicionais, aumentando a densidade de electrões livres.

Dopagem do tipo P: Introdução de impurezas aceitadoras (por exemplo, boro no silício) que criam buracos adicionais através da captura de electrões, aumentando a densidade de buracos.

Exemplo: Silício dopado com fósforo (tipo N) ou boro (tipo P).

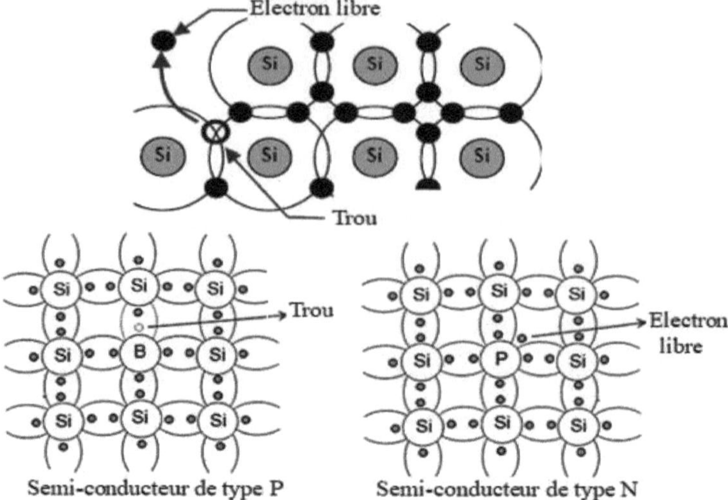

Figura 20: Um semicondutor extrínseco

7.3 Junção P-N :

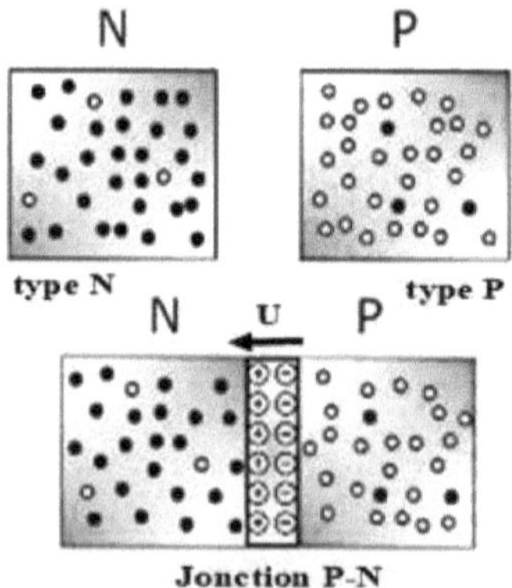

Figura 21: A junção PN no semicondutor

8-Funcionamento de células solares :

A célula solar converte a luz solar em eletricidade através do efeito fotovoltaico. Os fotões de luz que atingem uma célula com uma junção P-N dopada excitam os electrões no material semicondutor, criando pares eletrão-buraco. Este processo induz um movimento de cargas através da junção, gerando uma corrente contínua. Os fios metálicos recolhem esta corrente e dirigem-na para um circuito externo, alimentando os aparelhos.

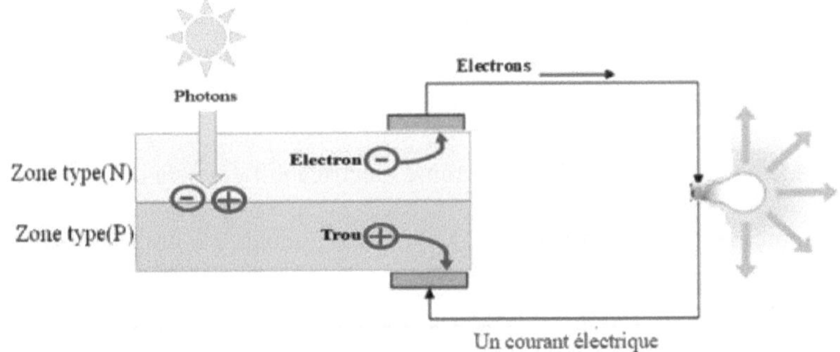

Figura 22: Como funciona uma célula solar

9-Construção de uma célula solar :

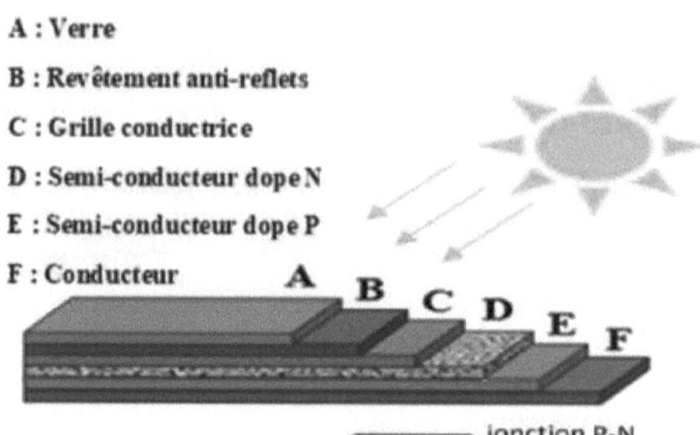

Figura 23: Construção de uma célula solar

R: Vidro: utilizado como camada protetora e de suporte da célula solar.

B: Revestimento antirreflexo: Reduz a reflexão da luz na superfície da célula, aumentando a absorção da luz.

C: Rede condutora: distribui a corrente eléctrica gerada pela célula solar.

D: Semicondutor dopado com N: Material semicondutor com impurezas para criar uma carga negativa.

E: Semicondutor dopado com P: Material semicondutor com impurezas para criar uma carga positiva.

F: Condutor: Recolhe a corrente eléctrica gerada pela célula solar e encaminha-a para um circuito elétrico externo.

10-Componentes de um sistema fotovoltaico :

10.1-Célula, painel e campo fotovoltaico :

Grupos de células :

-A célula fotovoltaica é a unidade de base para a conversão da energia luminosa em energia eléctrica.

-Um painel fotovoltaico é constituído por um conjunto de células fotovoltaicas. Por vezes, os painéis são também designados por módulos fotovoltaicos.

-Quando vários painéis são agrupados no mesmo local, o resultado é um conjunto fotovoltaico.

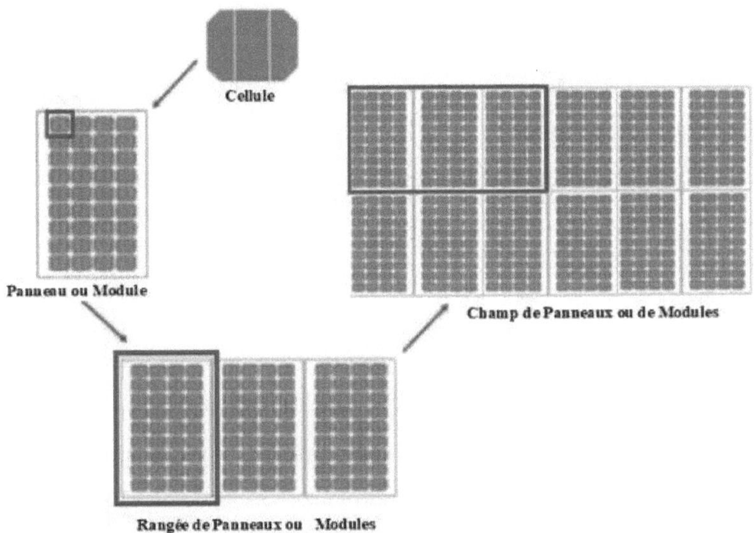

Figura 24: Célula, painel e campo fotovoltaico

10.2-Composição de um painel fotovoltaico :

Os painéis solares tradicionais são compostos por várias camadas laminadas, formando uma estrutura complexa concebida para proteger eficazmente as células fotovoltaicas de danos externos. Apresentamos de seguida uma visão geral dos principais componentes desta estrutura:

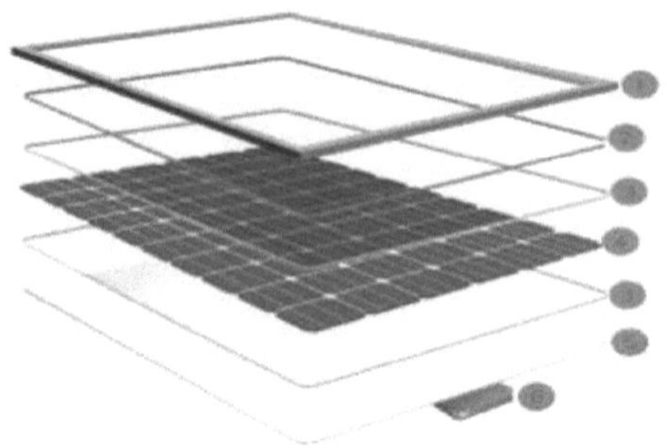

Figura 25: Composição de um painel fotovoltaico

***Estrutura de alumínio :**

Reforça o conjunto do painel solar. Facilita o manuseamento e a fixação do painel e garante a sua estabilidade.

***Vidro** temperado:

Protege as células solares contra impactos (por exemplo, granizo). Mantém a transparência necessária para captar a luz solar.

***Película de encapsulamento em** EVA **(etileno acetato de vinilo):**

Fecha hermeticamente as células fotovoltaicas. Impede que o ar e a humidade cheguem às células, proporcionando uma proteção duradoura contra a radiação solar.

***Células solares fotovoltaicas :**

Converter a radiação solar em eletricidade.

***A membrana Tedlar:**

Protege contra as agressões externas, como a corrosão e as variações de temperatura. Assegura uma maior durabilidade do painel numa variedade de condições ambientais.

***A caixa de derivação :**

Liga as células fotovoltaicas ao resto da instalação eléctrica. Essencial para integrar o painel no sistema elétrico global.

11-Os diferentes tipos de células solares :

As tecnologias fotovoltaicas registaram avanços significativos nos últimos trinta anos, marcados por recordes laboratoriais, incluindo uma eficiência de conversão de 41,6% alcançada nos Estados Unidos em 2008. Este facto sublinha o potencial de melhoria, apesar do limite teórico de eficiência, conhecido como o limite de Shockley-Queisser, estimado em cerca de 33,7% para uma única célula solar. Os progressos contínuos sugerem a possibilidade de ultrapassar este limite, embora subsistam desafios técnicos para as aplicações em grande escala. A produção mundial de células solares divide-se principalmente em três tecnologias: silício cristalino, película fina e células orgânicas. Estas tecnologias coexistem no mercado há vários anos, oferecendo cada uma delas preços e eficiências diferentes, o que suscita um interesse crescente na melhoria do desempenho.

Existem vários tipos de células solares, cada uma com a sua própria eficiência e custo. Segue-se um quadro que resume os principais tipos de células solares:

Tipo de célula	Caraterísticas	Benefícios	Desvantagens	Utilizações
Silício monocristalino	- Muito bom rendimento: 15 a 20%. -Potência: cerca de 150 Wp/m². - Longa vida útil (30 anos).	- Matéria-prima amplamente disponível.	- Baixo rendimento em condições de pouca luz. - Perda de eficiência com o aumento da temperatura. - Custos de fabrico elevados.	- Dispositivos de baixo consumo, aplicações espaciais.
Silício policristalino	- Bom desempenho: 14 à 18 %. -Potência: cerca de 100 Wp/m². - Longa vida útil (30 anos).	- Mais barato de fabricar do que o monocristalino.	- Baixo rendimento com pouca luz e baixo rendimento a pleno sol. - Perda de eficiência com o aumento da temperatura.	- Geradores de todas as dimensões, ligados à rede ou em locais isolados.

	- Baixo rendimento: 5-9%. -Potência: cerca de 60 Wp/m². - Vida útil bastante longa (10 anos).	- Baixos custos de fabrico.	- Baixo rendimento global. - Funcionamento com pouca luz. - Não é muito sensível a temperaturas elevadas.	- Dispositivo s de baixo consumo, produção de energia (calculadora s e relógios solares).
Silício amorfo				
Célula de película fina sem silício CIS (cobre, índio, selénio) / CIGS (cobre, índio, gálio e selénio).	- Rendimento : 9 à 11%	Melhores rendimentos do que outras células fotovoltaicas de película fina -A célula pode ser construída sobre um substrato flexível.	As células de película fina são menos eficientes do que as células de película espessa	

Quadro 9: Principais tipos de células solares

Outras tecnologias :

As células solares de perovskite apresentam eficiências laboratoriais superiores a 19%, graças à sua capacidade de absorver uma vasta gama de comprimentos de onda, o que as torna eficientes mesmo em condições de pouca luz. São fabricadas com materiais facilmente disponíveis e técnicas de baixo custo, prometendo reduzir o custo da energia solar.

O futuro das células solares de perovskite é brilhante. A sua flexibilidade e elevada eficiência significam que podem ser integradas numa vasta gama de aplicações, desde fachadas de edifícios a dispositivos portáteis. O perovskite poderá desempenhar um papel crucial na transição para um futuro energético sustentável, transformando o panorama da energia solar graças às suas propriedades excepcionais e ao seu potencial contínuo de aperfeiçoamento.

12-Montagem dos módulos fotovoltaicos :

Para que os painéis solares funcionem num sistema fotovoltaico, são necessários vários módulos, ligados entre si. Existem duas formas de os ligar: em série ou em paralelo. Estas duas opções são muito diferentes, e utiliza-se uma ou outra consoante as necessidades.

12.1-Combinação em série de células solares :

O agrupamento em série é uma configuração que aumenta a tensão de saída num sistema constituído por n células ligadas em série. A tensão de saída, denotada Us, pode ser expressa em termos gerais da seguinte forma:

$$Us = n \cdot Uc$$

Aqui, Uc representa a tensão fornecida por uma célula individual. É importante notar que, neste tipo de matriz, a corrente é comum a todas as células. Isto significa que a mesma corrente flui através de todas as células ligadas em série. Este princípio é essencial em muitas aplicações em que é necessária uma tensão mais elevada.

Exemplo: agrupamento de 3 células em série.

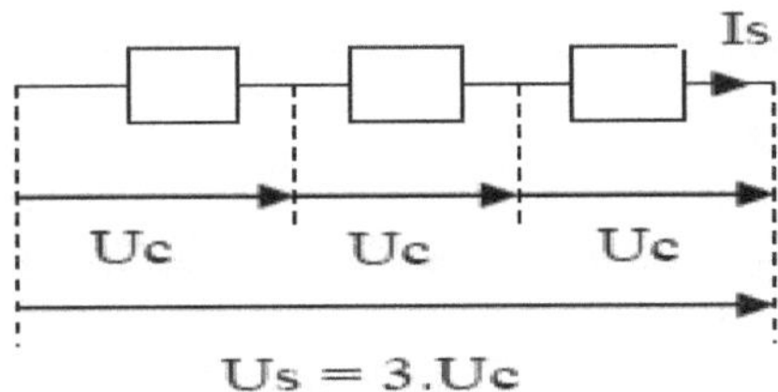

Figura 26: Agrupamento de células em série

Is é constante , Us=3.Uc

Ex: Uc=3volt , Us=3.3=9 volts.

12.2-Associação paralela de células solares :

O agrupamento em paralelo é uma configuração destinada a aumentar a corrente de saída num sistema constituído por n células ligadas em paralelo. A corrente de saída, denotada Is, pode ser expressa em termos gerais pela seguinte relação:

$$Is = n \cdot Ic$$

Aqui, Ic representa a corrente fornecida por uma célula individual. É importante notar que, neste tipo de agrupamento, a tensão é comum a todas as células. Isto significa que todas as células ligadas em paralelo estão sujeitas à mesma tensão.

Exemplo: agrupamento de 3 células em paralelo.

Neste caso, a corrente de saída Is seria o triplo da corrente Ic fornecida por uma única célula.

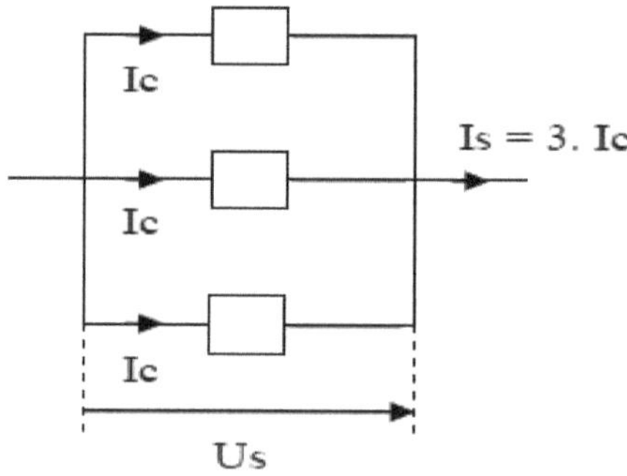

Figura 27: Agrupamento paralelo de células

Us é constante , Is=3.Ic

Ex: Ic=0,5A , Is=3,0,5=1,5 A .

13-Caraterísticas eléctricas de uma célula :

As caraterísticas eléctricas de uma célula, em particular de uma célula fotovoltaica (solar), descrevem a relação entre a tensão, a corrente e a potência gerada pela célula em diferentes condições. Estas caraterísticas são essenciais para avaliar o desempenho de uma célula solar em aplicações reais. As principais caraterísticas eléctricas incluem a caraterística corrente-tensão (I-U), a caraterística potência-tensão (P-U) e a potência máxima (Pmax).

13.1-Caraterísticas da célula (corrente-tensão) :

A caraterística corrente-tensão mostra a relação entre a corrente produzida pela célula solar e a tensão nos seus terminais sob diferentes condições de iluminação e temperatura. Normalmente, a caraterística I-V é representada sob a forma de uma curva, mostrando como a corrente varia em função da tensão.

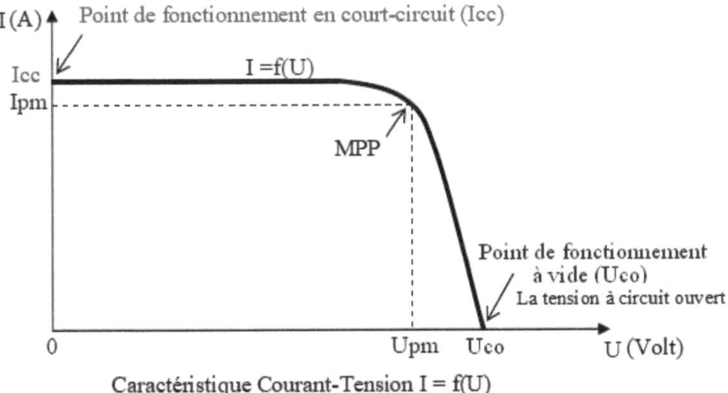

Figura 28: Caraterística corrente-tensão da célula solar

Existem 3 pontos principais nesta curva:

-Corrente de curto-circuito (Icc) :

A corrente de curto-circuito (Icc) é a corrente que flui através da célula solar quando a tensão terminal é zero (curto-circuito). É a corrente máxima que a célula pode fornecer.

-Tensão de circuito aberto (Uoc) :

A tensão de circuito aberto (Uoc) é a tensão que atravessa a célula solar quando a corrente é zero. É a tensão máxima que a célula pode produzir.

-Potência máxima (MPP) :

A potência máxima, Pmax, é a potência máxima que a célula solar pode fornecer. É obtida no ponto de funcionamento em que o produto da corrente Ipm e da tensão Upm é mais elevado, ou seja, na caraterística P-U no ponto MPP (Maximum Power Point).

O Pmax é uma medida importante do desempenho de uma célula solar e é frequentemente utilizado para comparar diferentes células ou módulos solares.

MPPAlém disso, a caraterística corrente-tensão de uma célula fotovoltaica apresenta um ponto de potência máxima P (MPP significa Maximal Power Point).

13.2- Caraterística potência-tensão (P-U) :

A caraterística potência-tensão mostra a relação entre a potência produzida pela célula solar e a tensão nos seus terminais. Pode ser utilizada para identificar o ponto ótimo de funcionamento da célula solar, que corresponde à potência máxima fornecida pela célula. A potência fornecida pela célula é expressa como P = U.I. Para cada ponto da curva acima, podemos calcular a potência P e traçar a curva P = f(U).

Esta curva tem o seguinte aspeto:

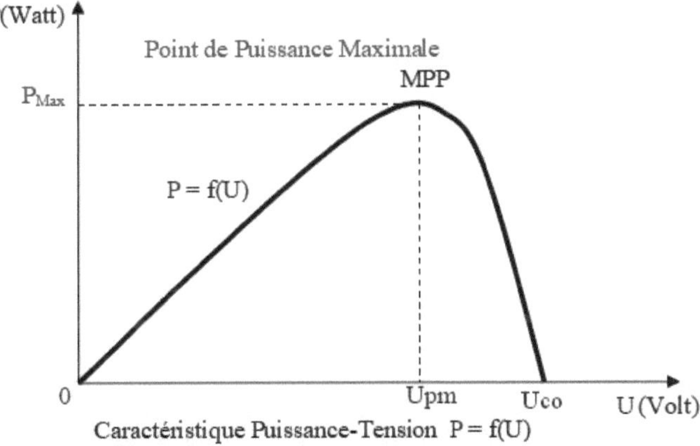

Figura 29: Caraterística P=f(U) da célula solar

Esta curva passa por um máximo de potência (Pmax).

Esta potência corresponde a uma tensão Upm e a uma corrente Ipm, que também podem ser vistas na curva I = f(U).

14- Influência da iluminação e da temperatura na eficiência de um painel fotovoltaico :

A eficiência depende de vários factores, como a qualidade dos materiais utilizados, a conceção da célula, as condições de iluminação solar e a temperatura ambiente. Os fabricantes de células solares fornecem geralmente dados pormenorizados nas fichas técnicas dos seus produtos.

Como já foi referido, a eficiência dos painéis fotovoltaicos varia em função da tecnologia utilizada no fabrico das células solares, mas existem outros factores que influenciam a sua eficiência. Antes de discutir estes factores, é importante compreender o que são as condições STC (Standard Test Conditions) e NOCT (Normal Operating Cell Temperature).

STC (Standard Test Conditions) e NOCT (Normal Operating Cell Temperature) são dois conjuntos de condições normalizadas utilizadas para caraterizar o desempenho das células solares. Eis as principais diferenças entre as STC e as NOCT:

Condições de medição :

-STC **(Standard Test Conditions)**: As medições STC são efectuadas em condições laboratoriais ideais, incluindo uma irradiância de 1000 W/m², uma temperatura da célula de 25°C e um espetro de massa de ar (AM) de 1,5.

-NOCT **(Temperatura Normal de Funcionamento da Célula)**: As medições NOCT simulam as condições reais de funcionamento de uma célula solar. Incluem uma temperatura ambiente de 20°C, uma irradiância de 800 W/m² e uma velocidade do vento de 1 m/s. Estas condições estão mais próximas daquelas a que uma célula solar estaria exposta em situações normais de funcionamento.

14.1-Influência da iluminação :
Caraterística corrente-tensão I = f(U) dos módulos a diferentes irradiações e temperatura constante :

Nesta curva, podemos ver que a corrente de curto-circuito aumenta com a iluminação, enquanto a tensão de circuito aberto varia pouco. A temperatura constante, a caraterística I = f(U) é fortemente dependente da iluminação.

As variações na irradiação têm a maior influência na corrente do módulo, porque a corrente depende diretamente da intensidade da irradiação. Quando a irradiação é reduzida para metade, a corrente produzida também é reduzida para metade.

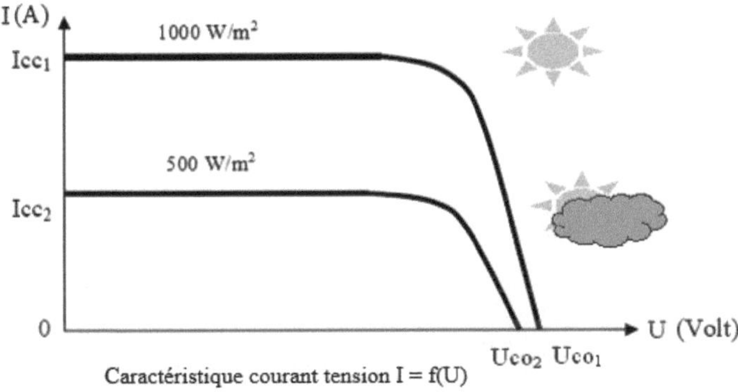

Figura 30: Influência da iluminação nas caraterísticas I = f(U)

A partir destas curvas, podemos traçar as curvas de potência P = f(U) :

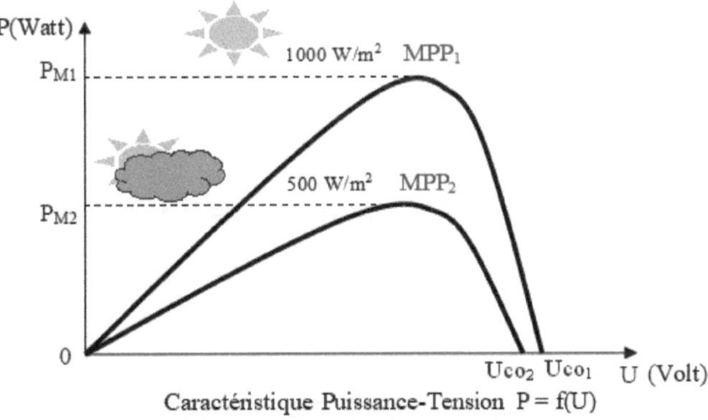

Figura 31: Influência da iluminação nas caraterísticas de P = f(U)

Estas curvas mostram que a potência máxima fornecida pela célula aumenta com a iluminação.

14.2-Influência da temperatura :

[2]Caraterística corrente-tensão dos módulos a diferentes temperaturas e irradiação constante (1000 W/m):

A temperatura do módulo tem a maior influência sobre a tensão. O aumento da tensão a baixas temperaturas deve, por conseguinte, ser tido em conta.

Para uma iluminação fixa, as caraterísticas I = f(U) e P = f(U) variam com a temperatura da célula fotovoltaica:

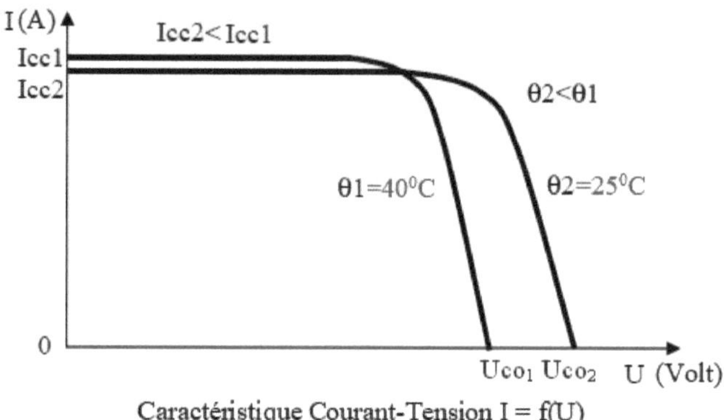

Figura 32: Influência da temperatura nas caraterísticas I = f(U)

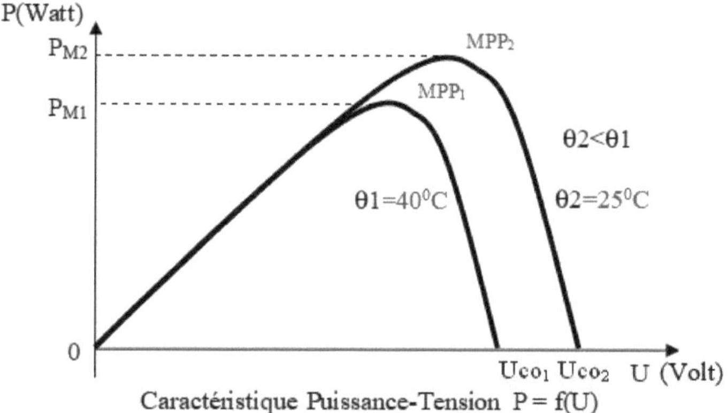

Figura 33: Influência da temperatura nas caraterísticas de P = f(U)

Estas curvas mostram que a tensão em vazio e a potência máxima diminuem com o aumento da temperatura.

$_{2121}$ $_2$Quando: T aumenta vemos que: Uco > Uco e Pm >Pm enquanto Icc <Icc$_1$.

Nota: O aumento da tensão a baixas temperaturas deve ser tido em conta.

14.3-Influência do posicionamento : A energia fornecida pelo painel fotovoltaico é altamente dependente da quantidade de irradiação solar absorvida pelo painel. Esta quantidade depende da orientação do painel em relação ao sol. Para recolher a quantidade máxima de energia, o painel fotovoltaico deve estar sempre orientado perpendicularmente aos raios solares. O ângulo ótimo é de 90°.

14.4-Influência do ângulo de inclinação: Outro fator que influencia o desempenho do painel fotovoltaico é o ângulo de inclinação, que é o ângulo formado pelo plano do painel solar em relação à horizontal (o plano do solo). O ângulo de inclinação é menor no verão e maior no inverno.

Nota: Factores como o sombreamento, a limpeza dos painéis, etc., também podem influenciar o desempenho real de um sistema fotovoltaico.

Definição de potência de pico :

A potência de pico (**Pc**) de um painel fotovoltaico é a potência máxima fornecida por uma célula em condições específicas. Estas condições incluem uma irradiância solar (luz solar incidente) de **1000 W/m²**, uma temperatura de **25°C** e uma distribuição espetral da radiação correspondente ao espetro **AM 1,5**.

A unidade de potência é o Watt-pico, ou **Wp**.

Nota: No entanto, é importante notar que a potência de pico raramente é atingida em condições reais de utilização. Na prática, a irradiação solar pode ser inferior a 1000 W/m² e a temperatura dos painéis solares pode variar consoante as condições meteorológicas.

15-Eficiência de conversão energética (η) :

A eficiência de conversão de energia (η) de um sistema fotovoltaico é um indicador-chave da sua eficiência. É definida como o rácio entre a potência máxima fornecida pelo módulo solar (Pmax) e a potência da radiação solar incidente (Pinc).

$$\eta = \frac{Pmax}{Pinc} \quad ; \quad \eta = \frac{Umax*Imax}{S*G}$$

Onde:

Pmax: é a potência máxima fornecida pelo módulo (W).

Umax: é a tensão máxima do módulo (Volt).

Imax: é a corrente máxima do módulo (A).

S: é a área de superfície da célula solar em (m²).

G: é a iluminância em (W/m²).

16-Fator de forma (*FF*) :

Chamado fator de preenchimento, é outro parâmetro importante que indica o grau de idealidade. Representa a qualidade da célula solar e é definido como o rácio entre a potência máxima real fornecida pela célula (Pmax) e o produto da corrente de curto-circuito (Icc) e da tensão de circuito aberto (Uco), que representa a potência máxima de uma célula teoricamente ideal.

$$F \qquad\qquad F = \frac{Pmax}{Uco*Icc} \; F \qquad\qquad F = \frac{Umax*Imax}{Uco*Icc}$$

O fator de forma varia geralmente em torno de 0,7-0,8 para células solares de elevado desempenho e diminui à medida que a temperatura aumenta. Este fator dá uma ideia da qualidade da célula. Estes parâmetros são cruciais para avaliar a eficiência global e a qualidade de um módulo fotovoltaico.

17-Coeficiente de desempenho Por :

[réel]O coeficiente de desempenho **Per** indica a relação entre o rendimento real η observado de uma célula fotovoltaica e o rendimento teórico máximo η esperado.

$$Por = \frac{\eta \; réel}{\eta \; théorique}$$

É importante notar que o rendimento real é frequentemente influenciado por vários factores, como as condições meteorológicas, o ângulo de incidência do sol, a qualidade dos materiais, etc. O rendimento teórico baseia-se nas caraterísticas intrínsecas da célula fotovoltaica.

Exemplo:

Caraterísticas eléctricas (a 1000 W/m^2)		
Temperatura da célula (°C)	25	50
Potência máxima (Pmax em watts)	36	32.5
Tensão à potência máxima (Umax em V)	16.3	14.4
Corrente de curto-circuito (I dc em A)	2.45	2.50
Tensão de circuito aberto (U co em Volt)	20.3	18.4
Corrente a 10 V	2.29	2.28
Corrente à potência máxima (Imax em A)	2.21	2.26
Eficiência η (para uma área de célula de 1 m^2)	3.6%	3.25%
Fator de forma **FF**	0.873	0.791
Coeficiente de desempenho Per (para η [teórico] =4%)	0.9	0.8125

Tabela 10: Caraterísticas eléctricas de um conjunto fotovoltaico a 1000 W/m^2

18-Diferentes tipos de sistemas fotovoltaicos :

18.1-Sistemas fotovoltaicos fora da rede: Independentes da rede eléctrica pública, utilizam baterias para armazenar a eletricidade produzida e são frequentemente utilizados em zonas isoladas.

18.2-Sistemas fotovoltaicos ligados à rede pública de eletricidade: ligados à rede pública de eletricidade, permitem vender e comprar a eletricidade produzida quando necessário.

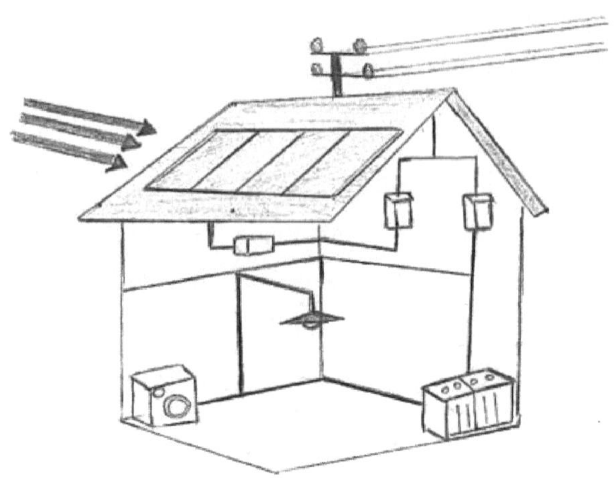

Figura 34: Sistemas fotovoltaicos ligados à rede

19-Estruturas de um sistema fotovoltaico :

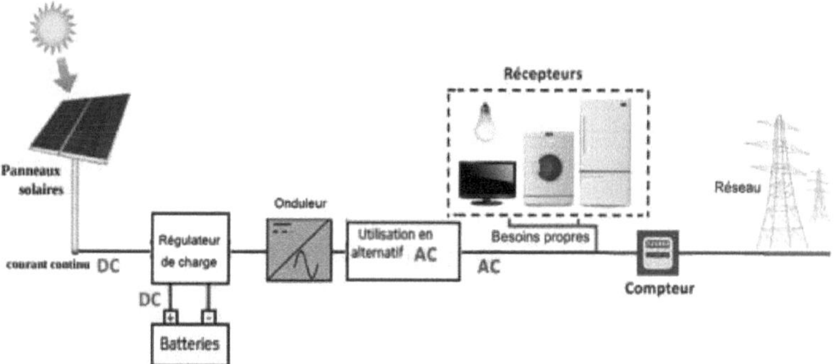

Figura 35: Uma instalação **fotovoltaica**

20-Proteção dos módulos fotovoltaicos :

Em fotovoltaica, o termo **"ponto quente"** ocorre quando uma célula do painel solar está defeituosa ou parcialmente sombreada, criando uma elevada resistência eléctrica. Isto impede a célula de gerar eletricidade de forma eficiente e provoca uma acumulação de calor, que pode danificar o painel, encurtar a sua vida útil e, em casos extremos, provocar um incêndio.

Para evitar problemas de "pontos quentes", os projectistas de painéis solares integram frequentemente **díodos de "by-pass"** nos painéis. Estes díodos contornam a corrente em torno de células defeituosas ou sombreadas, reduzindo o risco de sobreaquecimento nestas áreas específicas.

Os díodos de bloqueio, também conhecidos como **díodos anti-reversão**, são componentes electrónicos utilizados em sistemas solares para evitar perdas de energia causadas pelo fenómeno da corrente inversa.

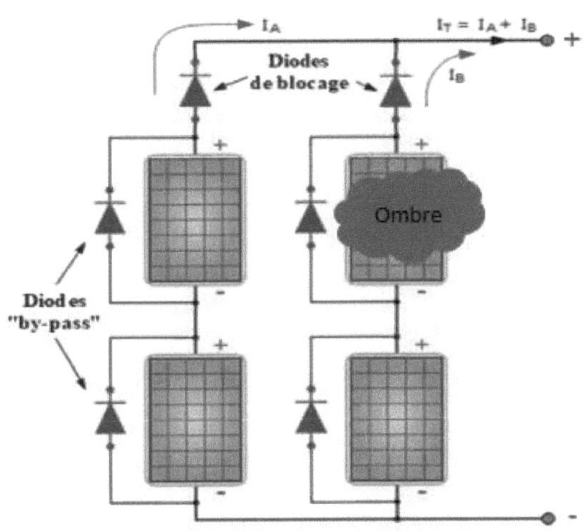

Figura 36: Proteção do módulo FV

21-Manutenção e limpeza dos painéis fotovoltaicos :
21.1-Poluição por painéis solares :
A sujidade de uma superfície exposta (como um painel solar) é composta por uma mistura de materiais orgânicos e não orgânicos. Alguns destes materiais serão suspensos pelo vento, enquanto outros serão depositados após a evaporação (chuva, água, degelo, nevoeiro).

Vários estudos sobre a energia solar mostram que os painéis solares perdem entre 5 e 16% da sua eficiência devido à acumulação de sujidade e poeira nos painéis e nos bordos das estruturas. A tecnologia mundial privilegia a limpeza direta e periódica dos painéis solares, mas este método pode causar danos se o procedimento e os produtos utilizados não forem respeitados. Existem várias formas de limpar os painéis solares, tais como :

Limpeza manual: escovagem manual.

Limpeza semi-automática: quando o ser humano controla o processo de limpeza.

Limpeza automática: detecta o pó e efectua o processo de limpeza automaticamente sem intervenção humana, por exemplo (robô lavador, drones e robôs).

22-As vantagens e desvantagens da energia fotovoltaica :
A tecnologia fotovoltaica oferece uma série de vantagens, incluindo

-A energia fotovoltaica é uma energia renovável gratuita.

-Os sistemas fotovoltaicos podem ser instalados em qualquer lugar, mesmo nas cidades.

-A energia fotovoltaica oferece uma solução prática para a obtenção de eletricidade em cidades isoladas.

-A eletricidade fotovoltaica é produzida o mais próximo possível do seu ponto de consumo, de forma descentralizada, diretamente nas instalações do utilizador.

-Os sistemas fotovoltaicos são extremamente fiáveis.

-Os painéis fotovoltaicos têm um tempo de vida muito longo.

No entanto, a energia fotovoltaica também tem desvantagens:

O fabrico de módulos fotovoltaicos é uma operação de alta tecnologia que exige elevados níveis de investimento.

-A eficiência de conversão real de um módulo é baixa.

-São muito sensíveis.

-Os custos de manutenção, como a limpeza e a segurança dos painéis solares fotovoltaicos, são relativamente baixos.

Energia solar passiva

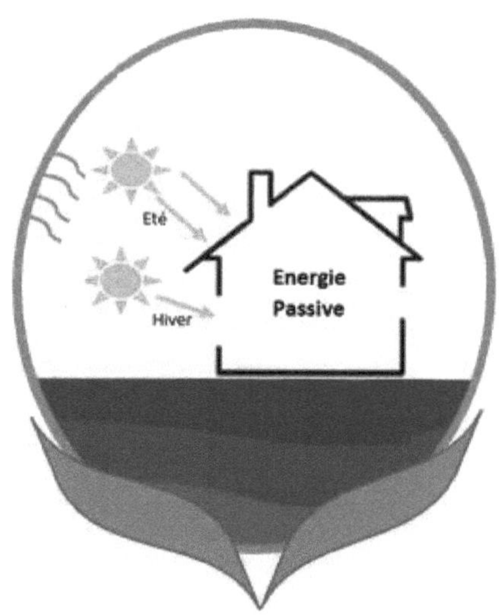

1-Bases da energia solar passiva :

Energia solar passiva, uma solução a não perder!

A energia passiva refere-se à utilização de técnicas específicas de conceção e construção em edifícios para minimizar o consumo de energia para aquecimento, arrefecimento e iluminação. Ao contrário dos sistemas activos que requerem equipamento mecânico, como bombas ou ventiladores, a energia passiva baseia-se em princípios arquitectónicos simples para tirar partido das condições naturais, como a luz solar, a ventilação natural e o isolamento térmico.

*Um sistema que recolhe a energia solar diretamente através das janelas:

Um sistema que capta os raios solares através das janelas da casa. O diagrama ao lado mostra a variação da intensidade da radiação solar através de janelas orientadas de forma diferente num dia de inverno ou de verão. É evidente que a janela é um elemento fundamental para o conforto térmico de uma casa. Dependendo da orientação das janelas, a radiação será mais ou menos intensa.

*Um sistema que recolhe a energia solar indiretamente através de uma parede coletora:

Um sistema que capta a energia solar através de uma parede coletora. Esta é feita de materiais pesados e situa-se entre o espaço a aquecer e o vidro que o protege do exterior. O calor produzido no exterior durante o período de exposição ao sol é armazenado pela massa da parede. É depois transferido para o volume interior. A partir daí, propaga-se ao compartimento por convecção e radiação.

2-Uma casa solar passiva :

Figura 37: Casa solar **passiva**

Uma casa solar passiva é concebida para dispensar o aquecimento no inverno e o ar condicionado no verão, oferecendo um conforto térmico ótimo. Graças à sua estrutura, conceção, orientação, qualidade dos seus materiais e desempenho da sua ventilação, capta a radiação solar para aquecer a casa no inverno e sombreia-a no verão para evitar o sobreaquecimento. Embora seja autossuficiente em termos de aquecimento, está dependente da rede eléctrica para outras necessidades. Para a autossuficiência energética, podem ser adicionados painéis solares ao telhado para alimentar aparelhos eléctricos e cobrir as necessidades de iluminação.

3-Operação da casa solar passiva :

Uma casa solar passiva é aquecida unicamente pela energia térmica do sol, dos ocupantes (humanos e animais) e dos aparelhos eléctricos. Para isso, deve maximizar a luz solar e eliminar as perdas de calor, estando bem exposta, com aberturas óptimas, construída com materiais de qualidade e com uma disposição interior e exterior coerente. Por exemplo, árvores que perdem as suas folhas no inverno para deixar entrar o sol e criar sombra no verão.

4-Principais pontos na conceção de um edifício passivo :

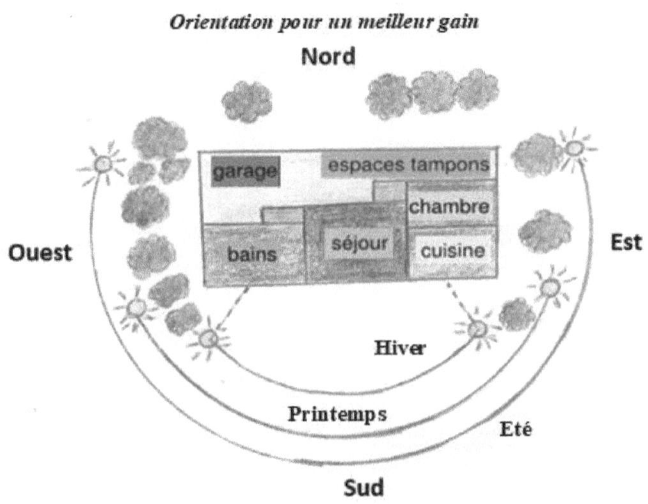

Figura 38: A conceção de um edifício **passivo**

***Disposição dos quartos :**

-As salas de estar (sala de estar, sala de jantar) estão viradas para sul.

-Os quartos estão virados para este ou oeste.

-As câmaras técnicas ou frigoríficas (garagem, armazém) estão situadas a norte.

***Aberturas :**

Existem janelas e janelas de sacada em todas as paredes da casa:

*50 % a sul (janelas de sacada),

*20% a oeste (pequenas aberturas),

*20% para leste (pequenas aberturas),

*10% a norte (pequenas aberturas).

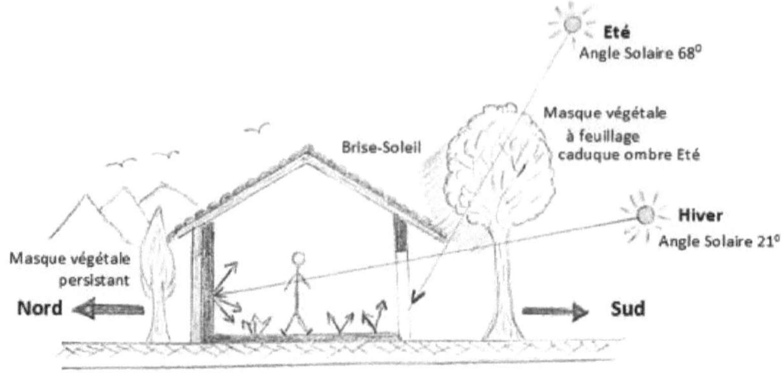

Figura 39: Orientação e disposição de uma casa solar passiva

Eis os princípios básicos de uma casa solar passiva:

***Orientação e disposição** :

-Orientação solar: Maximizar os ganhos solares no inverno, orientando as grandes janelas para sul no hemisfério norte, mas o contrário no hemisfério sul.

***Conceção das peças** :

-Áreas de estar: As divisões onde as pessoas passam a maior parte do tempo (como a sala de estar, a cozinha e a sala de jantar) devem estar viradas para sul (ou para norte no hemisfério sul).

-Salas de serviço: As salas que requerem menos aquecimento, como casas de banho, lavandarias e garagens, podem ser colocadas no lado norte (ou sul no hemisfério sul) para funcionarem como zonas tampão.

***Janelas e aberturas** :

Janelas viradas a sul: Utilize janelas grandes viradas a sul para maximizar os ganhos de energia solar no inverno.

-Janelas a norte: Janelas mais pequenas ou reduzidas a norte para minimizar a perda de calor.

-Janelas a leste e oeste: Utilizar janelas moderadas com dispositivos de proteção solar para evitar o sobreaquecimento durante a manhã e a tarde.

***Isolamento e inércia térmica :**

Isolamento: Utilização de um isolamento de alto desempenho para minimizar as perdas de calor no inverno e os ganhos de calor no verão.

Inércia térmica: escolha de materiais como a pedra ou o betão, que podem armazenar o calor durante o dia e libertá-lo durante a noite. A escolha dos materiais é essencial para obter um isolamento de qualidade, evitar perdas de calor e garantir o conforto no verão. É importante eliminar todas as pontes térmicas.

***Ventilação natural :**

-Ventilação cruzada: Conceção que favorece a circulação do ar para arrefecer a casa naturalmente.

Ventilação nocturna: Utilização das diferenças de temperatura entre o dia e a noite para arrefecer a casa.

***Proteção solar :**

-Toldos e toldos : Dispositivos que protegem as janelas da luz solar direta no verão e permitem a entrada de luz no inverno.

-Vegetação: Plantação de árvores de folha caduca a sul para dar sombra no verão e permitir a passagem da luz no inverno, como as **videiras** (além das uvas, certas espécies de videiras ornamentais de folha caduca podem ser utilizadas para cobrir estruturas no verão e perder as folhas no inverno). E plantar árvores de folha persistente a norte para proteger o habitat dos ventos de inverno.

5-Benefícios das casas solares passivas :

***Poupança de energia**: consome 7 a 8 vezes menos energia para aquecimento do que uma casa convencional, com uma poupança ainda maior se forem utilizados painéis solares.

***Conforto térmico**: Graças à sua elevada inércia térmica, proporcionam uma temperatura uniforme e suave com variações lentas de temperatura.

***Sustentabilidade**: O desempenho energético mantém-se constante ao longo dos anos, ao contrário dos sistemas de aquecimento tradicionais.

***Baixa pegada de carbono**: Redução das emissões de carbono, nomeadamente através da utilização de energias renováveis e de materiais de base biológica.

***Atrativo para revenda**: Em conformidade com as normas estritas em matéria de energia e de eficiência energética, são muito procurados no mercado imobiliário.

6-Desvantagens das casas solares passivas :

***Custo elevado**: A construção é mais cara devido aos requisitos de conceção, aos materiais de alta qualidade e ao equipamento especializado.

***Conceção restritiva**: As restrições arquitectónicas limitam a liberdade de conceção, o que pode ser frustrante para os proprietários.

***Localização difícil**: requer terrenos abertos e bem orientados, o que pode ser problemático em zonas urbanas ou ambientes naturais.

***Conforto no verão**: O sobreaquecimento pode ocorrer durante os meses mais quentes, mesmo com dispositivos de proteção solar.

7-Conclusão :

Graças à sua conceção inovadora, uma casa solar passiva pode proporcionar um aquecimento eficiente no inverno, sem necessidade de sistemas de aquecimento convencionais. A orientação óptima, a colocação estratégica das aberturas, a disposição interior bem pensada e a utilização de materiais de alta qualidade permitem que estas casas captem e retenham o calor solar. Além disso, a colocação de painéis solares no telhado pode transformar a casa numa casa quase totalmente autossuficiente, reduzindo a sua pegada ecológica e os seus custos energéticos. Uma casa solar passiva é, portanto, um investimento sensato num futuro sustentável e confortável. Como provavelmente já se apercebeu, o aquecimento solar passivo oferece muitas vantagens para as novas construções. Moderno e amigo do ambiente, poupa energia e ajuda-o a gerir melhor a sua fatura de aquecimento. Porque não considerá-lo no seu projeto de construção?

Energia solar térmica

1-Definição :

A energia solar térmica é a conversão da energia solar em calor, que é utilizado principalmente para o aquecimento doméstico e industrial e para a produção de água quente sanitária. É uma forma de energia renovável que ajuda a reduzir a dependência dos combustíveis fósseis e a pegada de carbono dos sistemas de aquecimento.

2-Painel térmico solar :

2.1-Definição :

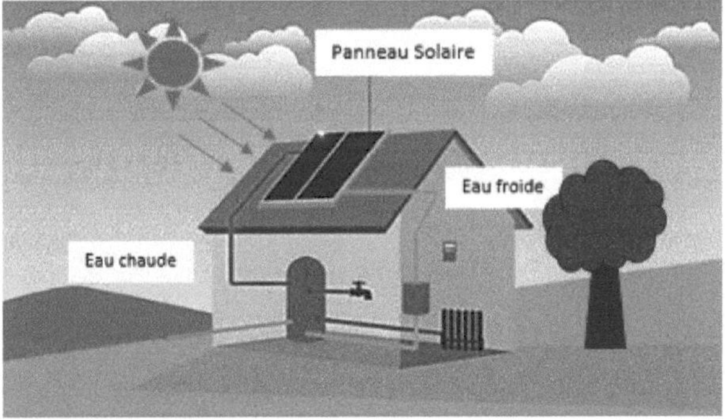

Figura 40: Casa com painel solar térmico

Sob a forma de um módulo retangular instalado no seu telhado, tal como os outros tipos de painéis solares (fotovoltaicos), os painéis térmicos utilizam a energia solar para satisfazer as necessidades energéticas da sua casa.

Enquanto os painéis fotovoltaicos utilizam a luz solar para produzir eletricidade, os painéis térmicos captam o calor do sol para aquecer a água da sua casa, de uma forma ecológica e gratuita. Os painéis solares térmicos podem, por conseguinte, fornecer água quente sanitária à sua casa, bem como alimentar o seu sistema de aquecimento, se este estiver ligado a um circuito de água quente (piso radiante ou radiadores de água).

2.2-Funcionamento do painel solar térmico :

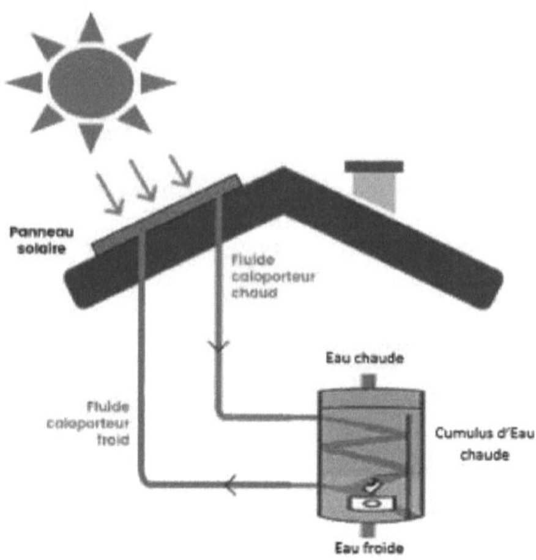

Figura 41: Como funciona um painel solar **térmico**

Um painel solar térmico é um dispositivo que converte a energia da luz solar em energia térmica (calor). A energia térmica é então absorvida por um fluido de transferência de calor, como a água ou o ar. O fluido circula numa bobina, pintada de preto, possivelmente coberta por uma superfície de vidro e protegida nos outros lados por isolamento. Os painéis térmicos de origem hídrica podem ser utilizados para aquecer água quente sanitária ou como aquecimento de reserva. A energia solar térmica também pode ser utilizada para aquecer uma casa através do aquecimento por piso radiante. Neste caso, o calor é transferido diretamente para o ar. Quando não há luz solar suficiente para aquecer a água à temperatura correta, o esquentador pode também ser ligado a uma caldeira de reserva para complementar o painel.

3-Construção de um painel solar térmico :

Um painel solar térmico é constituído por sensores que recolhem o calor do sol. Este faz subir a temperatura de um fluido de transferência de calor. Este fluido é então utilizado para aquecer :

A água no circuito de aquecimento para que chegue aos radiadores.

A água no depósito de um cilindro de água quente.

Quando o sol deixa de brilhar, um sistema como uma resistência eléctrica ou uma caldeira de reserva assume o controlo para garantir que a produção de calor continua.

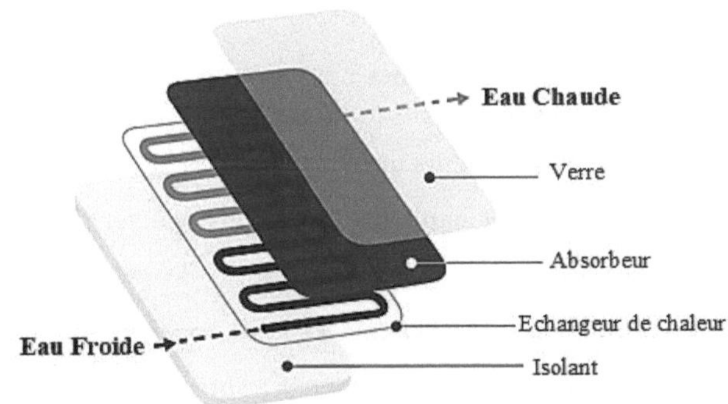

Figura 42: Construção de um painel solar **térmico**

4-Aplicações térmicas da energia solar :

Embora a utilização da energia solar se tenha intensificado nos últimos anos e as tecnologias estejam em constante evolução, os princípios e fenómenos envolvidos são muito bem conhecidos e são atualmente objeto de um amplo consenso. As radiações solares têm sido objeto de numerosos estudos, investigações e discussões, e existem tanto aplicações a baixa temperatura (aquecimento de água, climatização doméstica, dessalinização da água, refrigeração solar, etc.) como aplicações a temperaturas relativamente mais elevadas (fogões e fornos solares), que exigem uma concentração das radiações.

A lista não é exaustiva:

***Água quente solar :**

A produção de água quente para uso doméstico é atualmente a aplicação mais difundida da energia solar térmica. A instalação clássica compreende essencialmente um grupo de colectores de placa plana, uma capacidade de armazenamento e, normalmente, um sistema de controlo e uma fonte de reserva. A temperatura da água quente sanitária é relativamente baixa, e os colectores solares de placa plana são bem adequados para este tipo de produção de água quente.

***Aquecimento solar das habitações :**

O aquecimento solar dos edifícios utiliza colectores de ar ou de água, mas com superfícies maiores por habitação. O calor pode ser distribuído por radiadores de água quente ou por aquecimento de piso ou de teto. A utilização do calor solar para aquecer o edifício exige uma forma de armazenamento. É possível armazenar energia sob a forma de água quente em reservatórios de vários metros cúbicos, um sistema que ajuda a ultrapassar o carácter intermitente da energia solar.

5-Os diferentes tipos de painéis térmicos :

Embora os painéis térmicos funcionem todos da mesma forma, nem todos são fabricados da mesma maneira. Existem 3 tipos principais de painéis solares térmicos.

5.1-Colectores de placa plana opaca :

Estes painéis solares térmicos são constituídos por colectores opacos e escuros nos quais circula um líquido de transferência de calor. O sol incide diretamente sobre os colectores. O líquido aumenta então de temperatura.

Estes colectores não são os mais eficientes. Embora aqueçam rapidamente, deixam escapar muito calor da superfície porque não estão isolados com uma camada superficial, ao contrário dos colectores de vidro de placa plana, por exemplo.

Por outro lado, por serem mais fáceis de fabricar e mais leves, são muitas vezes mais baratos de comprar. Em particular, podem ser utilizados para aquecer uma piscina a um custo inferior.

5.2-Colectores de placa plana envidraçada :

Os painéis solares térmicos com colectores de placa plana envidraçada são os mais comuns. Trata-se de colectores solares escuros através dos quais circula um líquido de transferência de calor e que estão protegidos por um isolamento. Um painel de vidro é colocado por cima dos colectores para criar um efeito de estufa e aumentar a produção de calor.

5.3-Colectores de tubos de vácuo :

Estes painéis térmicos são constituídos por um conjunto de tubos que contêm uma tubagem através da qual circula um fluido de transferência de calor. Graças ao vácuo, estes tubos são muito bem isolados. Por conseguinte, perdem muito pouco calor à superfície. Esta tecnologia é a mais eficaz, mas também a mais cara.

6-Benefícios :

Ecologia: produzem energia não poluente e 100% renovável

Poupança: podem reduzir consideravelmente as suas contas de eletricidade

Autoconsumo: proporcionam-lhe uma maior autonomia e independência energética

Resistência e durabilidade: duram muito tempo (entre 25 e 30 anos)

Práticos: requerem pouca manutenção

Valor imobiliário: valorizam a sua casa.

7-Desvantagens :

Investimento significativo: custos de aquisição e instalação relativamente elevados

Baixa eficiência no inverno: na maior parte dos casos, é necessária a instalação de um aquecimento auxiliar.

8-Cálculo da eficiência instantânea η :

ᵢA eficiência de um coletor solar, cujo símbolo é η, é o rácio entre o calor armazenado pelo fluido de transferência de calor Q e a potência incidente recebida pela radiação solar G .

$$\eta = Q/Gi$$

ᵢ²G : Irradiância global incidente no sensor (**W/m**).

Energia solar termodinâmica

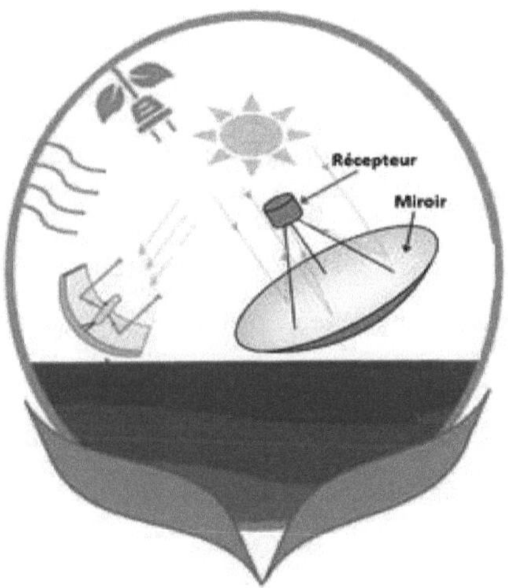

1-Definição :

A energia solar termodinâmica é uma tecnologia avançada de energias renováveis que utiliza a radiação solar concentrada para produzir eletricidade a partir do calor. Ao contrário dos painéis fotovoltaicos, que convertem a luz solar diretamente em eletricidade, a energia solar termodinâmica explora o calor intenso gerado pela radiação solar. Este sistema térmico concentrado permite atingir níveis de temperatura muito mais elevados do que os sistemas térmicos convencionais não concentrados. Enquanto os aquecedores de água domésticos produzem água a cerca de 50°C, é possível, através da concentração, aquecer fluidos a temperaturas entre 250 e 1000°C. O calor é então convertido em energia mecânica e depois em eletricidade através de turbinas, semelhantes às utilizadas nas centrais eléctricas tradicionais. Assim, a energia fotovoltaica não é a única energia solar capaz de produzir eletricidade. Uma das principais caraterísticas desta tecnologia é a capacidade de armazenar calor em reservatórios térmicos, permitindo a produção contínua de eletricidade mesmo na ausência de luz solar. Representa, portanto, uma solução eficiente e sustentável para a produção de eletricidade, capaz de satisfazer as necessidades energéticas, minimizando o impacto ambiental.

2-Princípio da concentração (Um pouco de história) :

Historicamente, os primeiros sistemas de concentração solar remontam à Antiguidade, quando os gregos e os romanos utilizavam espelhos para concentrar a luz solar, como ilustra o mito dos "espelhos em chamas" de Arquimedes. Na maioria das vezes, utilizando espelhos reflectores ou lupas, um sistema de concentração redirecciona a radiação solar recolhida por uma determinada superfície para um alvo mais pequeno: acender uma fogueira de folhas mortas com uma lupa utiliza este princípio. No entanto, a utilização sistemática da concentração solar para gerar calor e produzir energia só arrancou efetivamente no século XIX. Nessa altura, Augustin Mouchot, um inventor francês, desenvolveu dispositivos que utilizavam espelhos parabólicos para concentrar a luz solar e produzir vapor, que era utilizado para acionar motores e para fins industriais (Forno solar de Augustin Mouchot e Abel Pifre, cerca de 1880).Ao longo do tempo, esta tecnologia foi aperfeiçoada e adaptada a diferentes aplicações, como a produção de eletricidade a partir de centrais de energia solar concentrada (CSP), em que são utilizados espelhos ou lentes para concentrar a luz solar num recetor que converte o calor em eletricidade. Atualmente, o princípio da energia solar concentrada continua a ser explorado e desenvolvido para melhorar a eficiência energética e reduzir os custos, contribuindo para a transição para fontes de energia renováveis mais sustentáveis.

3-Princípio de funcionamento da energia solar termodinâmica :

As centrais solares termodinâmicas utilizam um grande número de espelhos para fazer convergir os raios solares para um fluido de transferência de calor aquecido a uma temperatura elevada. Para tal, os espelhos reflectores devem seguir o movimento do sol, de modo a captar e concentrar os raios ao longo do ciclo solar diário. O fluido produz eletricidade através de turbinas a vapor ou a gás. Eis as principais etapas do processo:

-Concentração da radiação solar: Espelhos ou lentes, muitas vezes dispostos em campos, concentram a luz solar num ponto focal ou numa linha. Estes sistemas são concebidos para maximizar a captação da energia solar, direcionando a radiação para um recetor.

-Aquecimento **do fluido** : O recetor, colocado no ponto focal, capta esta energia concentrada e transfere o calor para um fluido de transferência de calor (como o óleo, sais fundidos ou água). Este fluido é aquecido a temperaturas que podem atingir várias centenas de graus Celsius.

-Conversão do **calor em eletricidade**: O fluido quente é depois utilizado para produzir vapor num permutador de calor. O vapor gerado faz girar uma turbina, que está ligada a um gerador de eletricidade. Este processo é semelhante ao utilizado nas centrais térmicas convencionais, exceto que a fonte de calor provém do sol.

-**Armazenamento de calor**: Parte do calor pode ser armazenado em reservatórios térmicos para utilização posterior. Este armazenamento térmico significa que a eletricidade pode continuar a ser produzida mesmo quando o sol não está disponível, por exemplo, à noite ou em dias nublados.

-**Distribuição de eletricidade**: A eletricidade produzida é depois introduzida na rede eléctrica para distribuição aos consumidores.

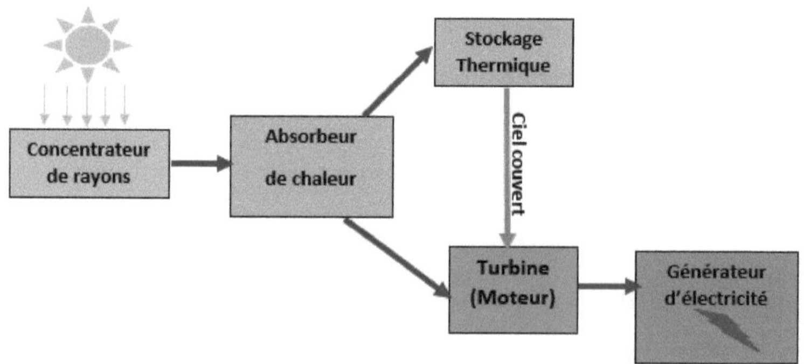

Figura 43: Princípio de funcionamento de um concentrador solar

4-Os principais tipos de centrais eléctricas :

O sistema CSP (Concentrated Solar Power) gera eletricidade através da conversão da energia solar em calor a alta temperatura, utilizando reflectores e receptores. O calor é então utilizado para gerar eletricidade através de um sistema convencional de turbina-gerador. As centrais CSP de grande escala podem ser equipadas com um sistema de armazenamento de calor para permitir o fornecimento de calor ou a produção de eletricidade durante a noite ou quando o céu está nublado.

Existem dois tipos de concentradores solares:

-Concentradores lineares :

A concentração tem lugar em tubos longos nos quais circula um fluido de transferência de calor. Estes tubos estão situados na linha focal dos reflectores que concentram a radiação solar. Esta tecnologia requer que o sol seja seguido num eixo. Os colectores de calha parabólica e os colectores Fresnel funcionam segundo este princípio.

-Concentradores de pontos :

A concentração tem lugar num recetor central. O concentrador segue o sol em dois eixos: azimute e elevação. Este princípio é utilizado pelos concentradores parabólicos e pelas centrais eléctricas de torre.

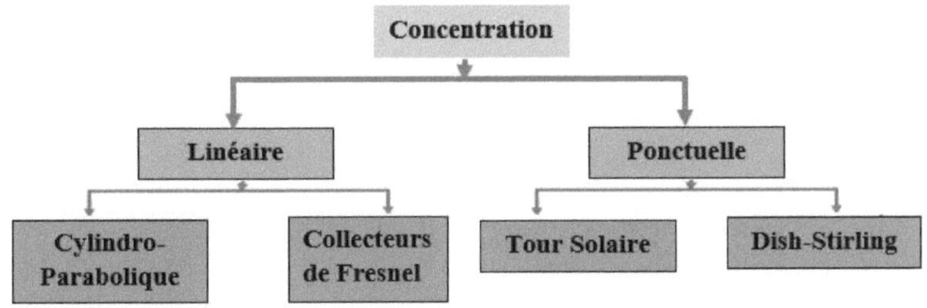

Figura 44: Classificação dos diferentes tipos de concentradores solares

4.1-Sistemas de concentração linear :

A radiação solar é concentrada num ou mais tubos absorventes instalados ao longo da linha focal dos espelhos. Este tubo contém um fluido de transferência de calor aquecido a uma temperatura entre 250 e 500°C. Os espelhos reflectores seguem o movimento do Sol ao longo do dia.

a-Centrais eléctricas de calha parabólica :

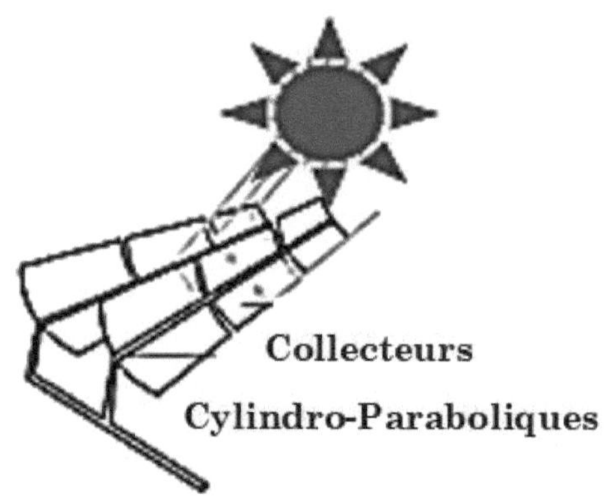

Figura 45: Sensores de calha parabólica (concentração linear, móvel).

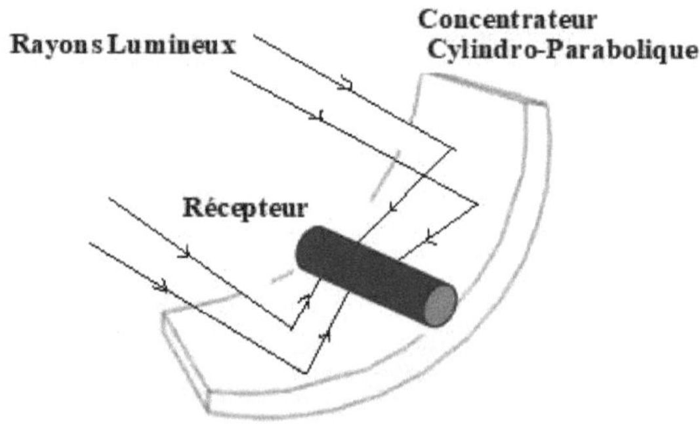

Figura 46: Sistema ótico de um concentrador cilíndrico-parabólico

Os colectores de calha parabólica são constituídos por espelhos curvos com a forma de uma parábola alongada (cilíndrica) que concentram a luz solar ao longo de uma linha focal. Esta linha focal é paralela ao eixo dos espelhos. A luz solar é concentrada num tubo absorvente que corre ao longo da linha focal do espelho. Este tubo contém um fluido de transferência de calor (como óleo térmico, água, sais fundidos ou ar) que é aquecido pela luz concentrada. Estas centrais eléctricas atingem geralmente temperaturas entre 200 e 500°C. Com eficiências de até 10-14%. São normalmente utilizadas para aplicações em grande escala, como a produção de eletricidade e o fornecimento de calor industrial a temperaturas moderadas.

Centrais de sensores lineares b-Fresnel :

Figura 47: Sensores Fresnel lineares (concentração linear, fixa).

Utilizam espelhos planos dispostos em filas parabólicas para concentrar a luz solar em tubos receptores situados acima das filas de espelhos. Estes tubos contêm um fluido de transferência de calor (como água, sais fundidos ou óleo). Menos intensas do que as centrais eléctricas de torre, mas ainda capazes de concentrar eficazmente a luz solar. Podem atingir temperaturas de 200°C a 450°C, geralmente suficientes para alimentar turbinas a vapor. Utilizadas principalmente para gerar eletricidade através do aquecimento de um fluido de transferência de calor, que é depois utilizado para alimentar turbinas a vapor.

4.2-Sistemas de concentração pontual :

Os raios solares concentram-se cerca de 1.000 vezes num único pequeno foco. A temperatura pode atingir 500 a 1000°C.

a-Centrais eléctricas de calha parabólica com agitação de prato :

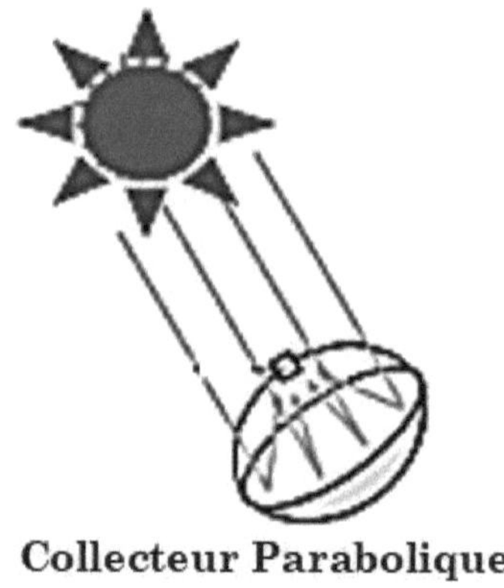

Figura 48: Sensores parabólicos Dish-Stirling (Concentração pontual, móvel).

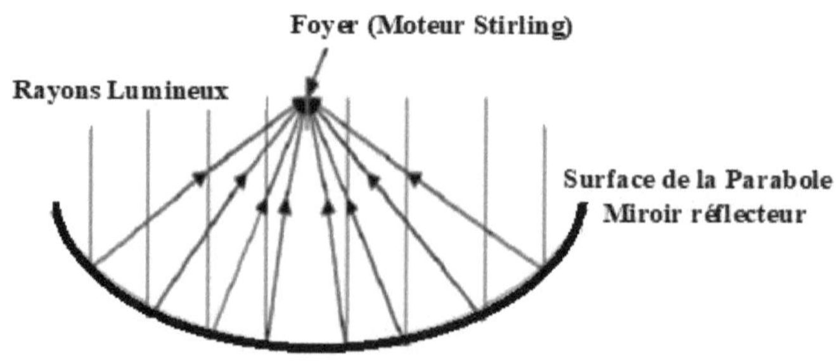

Os colectores de calha parabólica Dish-Stirling caracterizam-se pela sua conceção inovadora. Ao contrário dos colectores de calha parabólica, os colectores de calha parabólica utilizam espelhos parabólicos para concentrar a luz solar num único ponto focal, situado acima do espelho, a fim de acionar um motor "Dish-Stirling". Uma vez aquecido num circuito fechado, o gás que contém acciona um pistão que recupera a energia mecânica produzida. Esta concentração intensa permite atingir temperaturas extremamente elevadas, até 300°C - 1000°C. Os sistemas Dish-Stirling também se destacam pela sua notável eficiência na conversão da energia solar térmica em elctricidade, com eficiências que podem atingir 20% a 31% na gama dos dez kWe. Ao contrário de outras tecnologias, como as torres solares e os concentradores de calha parabólica, que são optimizados para megawatts ou mais, as centrais Dish-Stirling são bem adaptadas a instalações de dimensão modesta e podem funcionar de forma autónoma, o que as torna ideais para locais isolados não ligados à rede eléctrica.

b-Centrais eléctricas de torre (torre solar) :

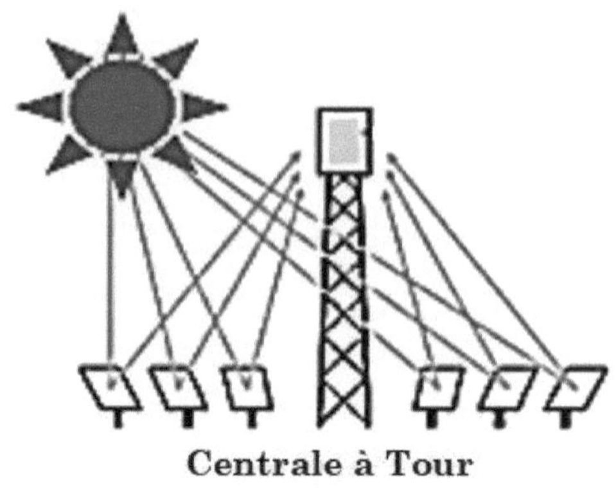

Figura 50: Torre solar (concentração pontual, fixa)

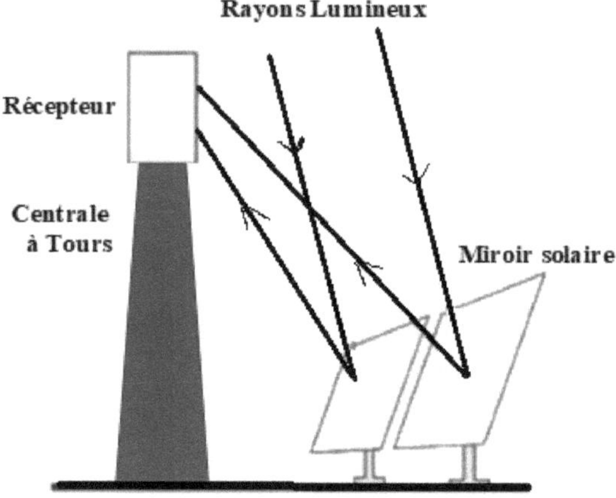

Figura 51: Sistema ótico de um concentrador de torre solar

Estas plantas utilizam espelhos ou reflectores para concentrar a luz solar num ponto central, onde se encontra uma torre. Os espelhos estão frequentemente dispostos em círculo à volta da torre. A luz solar é concentrada de forma significativa para atingir temperaturas elevadas no topo da torre. Estas podem atingir os mil graus Celsius, 300°C - 1000°C, consoante a precisão da concentração solar. Eficiência solar-eléctrica de 12 a 15%. Utilizada principalmente para produzir eletricidade através da conversão do calor concentrado em energia eléctrica, utilizando turbinas ou motores Stirling.

5-Benefícios da energia solar termodinâmica :

Renovável e limpa: Utiliza a energia solar, um recurso inesgotável e não poluente.

-Armazenamento térmico: O calor pode ser armazenado para gerar eletricidade mesmo quando o sol não está a brilhar.

-Estabilidade energética: Pode complementar as energias renováveis intermitentes, como a eólica e a fotovoltaica.

-Longa vida útil: As centrais eléctricas têm uma longa vida útil e podem funcionar durante várias décadas com uma manutenção adequada.

6-Desvantagens da energia solar termodinâmica :

-Custo elevado: Os custos iniciais de construção e manutenção são elevados em comparação com outras tecnologias renováveis.

-Impacto ambiental: Requer grandes áreas de terra, o que pode perturbar os ecossistemas locais.

-Dependência do clima: O desempenho é fortemente influenciado pelas condições climatéricas, exigindo luz solar direta.

-Complexidade técnica: As centrais eléctricas termodinâmicas são tecnicamente complexas e requerem conhecimentos especializados para a sua conceção, construção e manutenção.

Referências :

[1] Jacques Bernard, Energie Solaire, calculs et optimisation, Ellipse Edition Marketing ,9782729864927, (2004).

[2] Cid Pastor Angel: "Conception Et Réalisation De Module Photovoltaïques Electroniques", l'institut national des sciences appliquées de Toulouse, 2006.

[3] A. Goetzberger, V. U. Hoffmann, Photovoltaic Solar Energy Generation, Springer Series in Optical Sciences, Atlanta (2005).

[4] J.M. Chassériau, Conversion thermique du rayonnement solaire, Bordas, Paris (1984).

[5] D.K. Edwards, Capteurs solaires, Edition SCM, Paris (1979).

[6] J.R. Vaillant, Utilisation et promesses de l'énergie solaire, Eyrolle, 1976.

[7] J. Bonal, P. Rossetti, Les énergies alternatives, Omniscience, 2007.

[8] Ch. Ngo, L'énergie ressources technologies et environnement, 3ª edição, Dunod, Paris, 2008.

[9] Alain Bilbao Learreta, "Réalisation de techniques MPPT numériques", Rapport de stage de fin d'études, https://www.hisse-et-oh.com/, Diplôme d'Ingénieur Technique Industrielle, Université Virgile, setembro de 2006.

[10] A. Sfeir, G. Guarracino, Engenharia de sistemas solares, Technique et Documentation, Paris, 1981.

[11] Walker, G. (1980). Stirling Engines. Oxford.

[12] Spencer, J.W. 1971. Representação em série de Fourier da posição do sol. Pesquisa 2: 172.

[13] Solar Electricity: An Economic Approach to Solar Energy, de W. Palz, Butterworths, UNESCO, 1978.

[14] Le Rayonnement Solaire por R. Bernard, G. Menguy, M. Schwartz, Technique et Documentation, Lavoisier, Paris, 1979.

[15] R. Bernard, G. Menguy, M. Schwartz, Le rayonnement solaire conversion thermique et applications, Technique et documentation Lavoisier, 2ª edição 1980.

[16] A. Sfeir, G. Guarracino, Ingénierie des Systèmes Solaire, application à l'habitat, Technique et Documentation, Paris, 1981.

[17] L'Énergie Solaire dans le Bâtiment por Ch. Chauliaguet, P. Baratçabal, e J. P. Batellier, Eyrolles, Paris, 1981.

[18] Les Photopiles Solaires : Du Matériau au Dispositif ; Du Dispositif aux Applications por A. Laugier e J. A. Roger, Technique et Documentation, Lavoisier, Paris, 1981.

[19] Michel Capderou, Atlas Solaire de l'Algérie, Tome 1, 2; O.P.U., 1986.

[20] M. Iqbal, An Introduction to Solar Radiation, Academic Press, Canadá, 1983.

[21] J.M Chassériau, Conversion thermique du rayonnement solaire, Dunod, 1984.

[22] Énergie Solaire Photovoltaïque, le Manuel du Professionnel de Anne Labouret - Michel Villoz.

[23] D.Yogi. Goswami, Principles of Solar Engineering, Third Edition. Advan kt.com/principles of solar engi.pdf.

[24] Commons.wikimedia.org/wiki/File.

[25] Dr. SALMI Mohamed Apoio de cursos: Gisement solaire.

[26] Bernard Thonon e Philippe Malbranche, Journée de formation Séminaire " Questions de Sciences " CEA.fr, Questions de physique sur l'énergie solaire, 06/06/2012.

[27] Christine Blondel_college_France_presentation.pdf, https://www.college-de-france.fr.

[28] Le Rayonnement Thermique, Bilan Radiatif et Effet de Serre, de V. Daniel, 2003.

[29] N. BAKI, Solar Radiation from the Sun to the Earth, 978-620-69417-5; EUE, European University Publishing.

[30] N. BAKI, Solar Radiation from Sun to Earth, Carpe Solem, 978-620-6-78245-2; LAP LAMBERT Academic Publishing.

Respostas aos exercícios

Exercício 1:

Quais destes gases com efeito de estufa estão entre as principais causas do aquecimento global?

₂a) Hidrogénio (H)

₃b) Ozono (O)

₄c) Metano (CH)

₂d) Dióxido de carbono (CO)

Soluções:

c ,d

Exercício 2:

1-Calcular a altura solar e o azimute quando for TSV (10h) do dia 18 de abril em Toulouse.

A latitude é 43,6°Norte. O número do dia é n= 108.

2- Calcular a hora solar verdadeira TSV quando a hora legal é TL (10:00) no dia 18 de abril em Toulouse. A longitude é -1,37° Este. O número do dia é n= 108. ₁₂A correção do fuso horário é C =+1h; e para a hora de verão francesa C =+1h.

Soluções:

1-Portanto, o ângulo horário ω = 15 × (TSV - 12) = -30°.

A declinação é calculada da seguinte forma:

Declinação δ = 23,45 × sin (360 × (n + 284) / 365) = 10,5°.

Altura solar h :

sin (h) = sin(θ) × sin(☐) + cos(θ) × cos(☐) × cos(☐) = 0,742, altura solar h = 47,9 °.

Azimute a:

sin (a) = cos(☐) × sin(☐) / cos(h) = -0,7337, o azimute a = -47,2°. (a= - 47,2° Leste).

2-Através de cálculo, obtém-se: Equação do Tempo Et = 0,7 minutos=0,01h.

Isto dá-nos : ₁₂Hora solar TSV=TL-C -C - φ /15+Et

TSV = 10 - 1 -1+1,37°/15+ 0,7/60 = 8+0,09+0,01=8,10 horas=8h 6mn.

Exercício 3:

Qual é a eficiência de conversão da luz em eletricidade de um painel solar fotovoltaico?

a) 2 a 7

b) 60 a 80

c) 35% a 50

d) 15 a 25

Soluções :

d

Exercício 4:

As perovskitas são estruturas mineralógicas especiais com as propriedades condutoras de um semicondutor. O custo de fabrico das células fotovoltaicas à base de perovskite é muito inferior ao das células de silício. Investigações recentes mostram que é possível obter eficiências próximas de 25% com células fotovoltaicas que utilizam perovskitas.

1-Explicar sucintamente o princípio de funcionamento de um semicondutor.

2-Determinar em que parte do espetro solar os perovskitos absorvem mais radiação.

3-Explicar as vantagens da utilização de perovskitas combinadas com silício para fabricar uma célula fotovoltaica.

Soluções :

1-Um semicondutor absorve a energia da radiação solar. Isto permitirá que os electrões de valência passem através do intervalo de banda para a banda de condução. A corrente fluirá e o material tornar-se-á um condutor.

2-As perovskitas absorvem principalmente a parte visível da radiação terrestre entre 450 nm e 800 nm.

3-Combinando os dois materiais, o semicondutor absorve mais da energia luminosa máxima (entre 380 nm e 1000 nm), aumentando a eficiência do painel. O silício absorve a luz infravermelha entre 800 nm e 1100 nm e completa a zona de absorção das perovskitas.

Exercício 5:

Dispomos de 150 células solares idênticas. [2]Cada célula tem uma área de superfície de 0,015 m e tem as seguintes caraterísticas sob uma iluminação AM1 de 1000 W/m² :

Corrente de curto-circuito I cc = 2 A, tensão de circuito aberto U co = 0,5 V, fator de forma FF = 70%.

1-Calcular a potência de uma destas células e o seu rendimento.

2-Conectar todas as 10 células em paralelo num único bloco e, em seguida, conectar os 15 blocos em série para formar um painel. Calcule a tensão de circuito aberto e a corrente de curto-circuito do painel resultante.

3-Se o fator de forma do painel é de 70%, qual é a potência de pico consumida por este painel?

4-Se a tensão máxima correspondente à potência é Umax = 2,5 V, calcular a corrente máxima Imax.

Solução:

1-Potência de uma célula solar :

$$\text{Célula P=I } cc \times U \text{ co }, \text{ Célula P=2 } A \times 0,5 \text{ V=1 W}$$

-Eficiência de uma célula solar :

A eficiência η de uma célula solar é calculada a partir do fator de forma (FF):

$\eta = P_{célula} * P$ incidente$\times 100$.

A potência da luz incidente na superfície da célula solar.

$$^{22}P_{\text{incidente=1000}} \text{ W/m} \times 0,015 \text{ m} = 15 \text{ W.}$$

Vamos calcular o rendimento:

$$\eta = 1 \textbf{ W/15} \text{ W x } 100 = 6,67\%$$

2-Tensão de circuito aberto e corrente de curto-circuito do painel :

Ligando 10 células em paralelo para formar um bloco, e montando 15 blocos em série para formar um painel :

Para um bloco de 10 células em paralelo :

Corrente de curto-circuito Icc $_{(bloco)}$=10×2=20 A. Tensão em circuito aberto Uco $_{(bloco)}$ =0,5 V .

Para o painel de 15 blocos em série :

Tensão de circuito aberto Uco $_{(painel)}$ =15×0,5 =7,5 V. Corrente de curto-circuito I dc $_{(painel)}$ =20 A.

Potência de pico de 3 painéis

$_{crête}$P do painel pode ser calculado utilizando o fator de forma (FF):

$_{crête}$P =U co $_{(painel)}$ × I cc $_{(painel)}$ ×FF. P $_{crête}$=7,5 V×20 A×0,7=105 W

4-Cálculo da corrente máxima Imax :

Se a tensão máxima correspondente à potência for Umax=2,5 V, a corrente máxima Im pode ser calculada utilizando a relação :

$_{crête}$I max=P x U max , I max=105 W x 2,5 V=42 A ; I max=42 A .

Exercício 6:

Atualmente, muitos edifícios utilizam fontes de energia renováveis, nomeadamente a energia solar térmica. Em algumas casas, a água quente é obtida através de painéis solares térmicos.

1- Esquematizar as transferências e conversões de energia num painel solar térmico.

$^{-1}$**2-O** caudal do fluido de transferência de calor (água) que circula no interior dos tubos é D=60 L.h . A água entra à temperatura Te= 20°C e sai à temperatura Ts=56°C. Calcule a energia recebida pela água num período de uma hora. Deduzir a potência fornecida pelo painel. Dados: para elevar a temperatura de 1kg (ou seja, 1litro) de água em 1°C, é necessário fornecer uma energia de 5kJ nas condições em que o painel é utilizado.

3-O painel solar térmico tem uma área de S=3 m². Calcular a potência ^{2}potência recebida por este painel para uma saída de luz de 1000W/m .

4-Calcular a eficiência η deste painel.

Solução:

1-Diagrama de conversão e transferência de energia para um painel solar térmico :

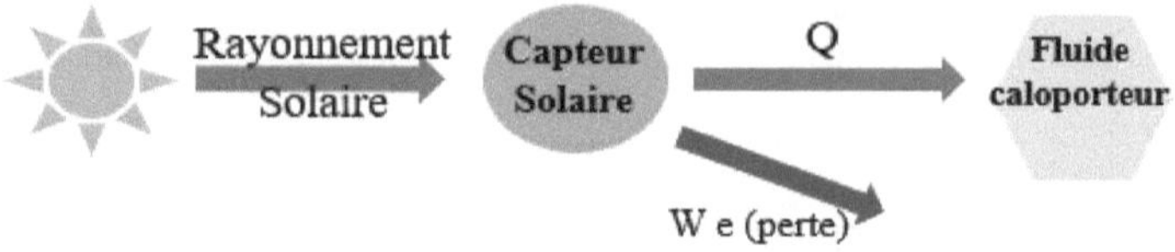

2- Em 1 hora, 50 litros de água circulam no circuito sob o painel, recebendo a energia do sol por radiação.

^{0}O aumento da temperatura da água é: $\Delta\theta = \theta s - \theta e = 56-20 = 36$ C.

A energia recebida pela água num período de uma hora é, portanto, :

$$^6E=50 \times 36 \times 5 = 9 \,.10 \text{ J.}$$

A potência fornecida pelo painel é P=E/3600 (porque 1 W corresponde a 1J/s):

$$P_{\text{fornecida}} = E/3600 = 9000kJ/3600 = 2500W = 2,5 \text{ kW.}$$

3- O painel solar recebe uma potência igual ao produto da sua área de superfície pela potência luminosa recebida, ou seja, :   P recebida = 3 x 1000 = 3000 W = 3 kW.

4-A eficiência é definida como o rácio entre a potência fornecida e a potência recebida.

$$\eta = 2,5kW /3kW = 0,83 = 83 \text{ \%. Portanto, } \eta = 83\%.$$

Exercício 7:

Qual das seguintes afirmações é verdadeira?

a) A capacidade global de produção de energia solar fotovoltaica tem-se mantido estável nos últimos 10 anos.

b) Os painéis solares fotovoltaicos não podem ser reciclados

c) As centrais solares térmicas concentradas produzem eletricidade

d) Um painel solar térmico produz calor

Soluções:

c,d .

Exercício 8:

^{2} U   m painel solar tem uma potência de pico de 100 W quando recebe uma potência luminosa PL = 1000 W/m . É constituído por células fotovoltaicas ligadas em série e em paralelo. As células de cada string estão ligadas em série e as diferentes strings estão ligadas em paralelo. A tensão através do painel é de 40V e cada célula fornece uma tensão de 0,5V e uma corrente de 0,5A.

1- Quantas células tem um ramo?

2- Qual é a corrente que passa pelo painel? Deduzir o número de fios do painel.

3- Determinar o número total de células do painel.

4- Cada célula é um quadrado com 0,05m de lado.

a) Qual é a área total da superfície do painel solar?

b) Calcular a sua eficiência energética η.

Solução:

$_B$**1-A** tensão nos terminais de um fio é a mesma que nos terminais do painel, uma vez que estão ligados em paralelo U = 40 V.

Numa string aplica-se a lei da aditividade das tensões e como é constituída por n células, temos : U $_B$= n. $_{CBC}$U logo n = U /U = 40/0,5 = 80 células.

Um ramo é constituído por n=80 células.

2-Temos P = U.I, logo I = P/U = 100/40 = 2,5A.

Como os ramos são ramificados, podemos aplicar a lei dos nós. $_1$Observamos que "m" é o número de ramos e que todos eles fornecem a mesma intensidade I, uma vez que são idênticos num ramo: I = m. I $_1$.

$_1$Portanto, m = I/I = 5. Existem m=5 ramos.

3- O número total de células do painel. N'= n.m =5 x 80= 400 células.

Há N'=400 células neste painel solar.

4- Cada célula é um quadrado com 0,05m de lado.

$^{-2\,-4\,-2}$**a- Seja** "s" a área de uma célula: s = a² = (5,10) = 25 10 = 0,25,10 m².

$^{-2}$A área total da superfície do painel é S = N'. s = 400 x 0,25.10 = 1 m².

$_{LL}$**b-Eficiência**: η = Pc/ P em que Pc = 100 W e P = 1000 x 1 = 1000 W.

$_L$Eficiência: η = Pc/ P = 100 W /1000 W = 0,10, ou seja, η = 10%.

Exercício 9:

[2]As caraterísticas de um módulo fotovoltaico são dadas na tabela abaixo quando o módulo recebe uma potência radiante de 1000 W/m de área de superfície do módulo.

Caractéristiques électriques (à 1000 W/m^2)		
T cellules (°C)	25	50
Pmax (W)	36	32.5
U à Pmax (V)	16.3	14.4
I court-circuit (A)	2.45	2.50
U circuit ouvert (V)	20.3	18.4
I à U = 10(V)	2.29	2.28

[2]**1-** Traçar a caraterística tensão-corrente (eixo x tensão, eixo y corrente) deste módulo fotovoltaico, a 50°C, para uma potência radiante de 1000 W/m . Local :

a- o ponto de funcionamento A correspondente à corrente de curto-circuito ;

b- ponto de funcionamento B correspondente a um circuito aberto;

c- o ponto de funcionamento C correspondente à potência eléctrica máxima disponível.

[2]**2-** A 50°C, este módulo recebe uma densidade de potência radiante de 1000 W/m .

A tensão nos seus terminais quando está a funcionar é igual a 10V.

a- De acordo com os dados, qual é o valor da corrente I?

b- Qual é a potência eléctrica fornecida?

c- A área da superfície do módulo é de 0,185 m². Calcule a eficiência energética do módulo.

3- O que podemos concluir sobre a influência do aumento da temperatura no desempenho de um painel solar fotovoltaico? O mesmo se aplica a um painel solar térmico?

Solução:

1-Altura da caraterística tensão-corrente do módulo fotovoltaico.

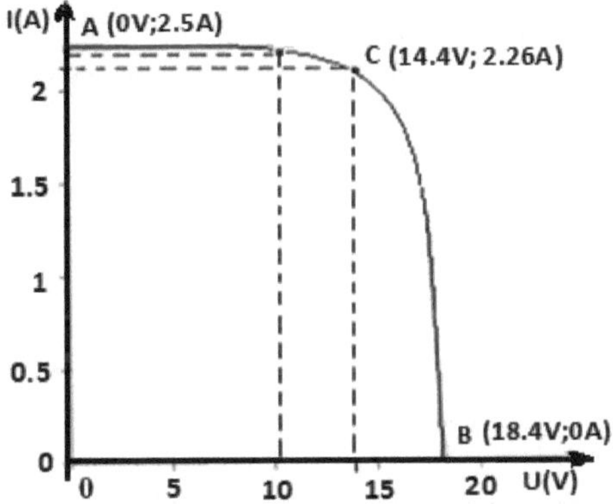

No ponto A: I cc = 2,5 A. No ponto B: U co = 18,4 V.

No ponto C: Pmax = 32,5 W e U opt = 14,4 V => I opt = Pmax / U opt = 2,26 A.

[2]2- A 50°C, este módulo recebe uma densidade de potência radiante de 1000 W/m .

a) Para U = 10V => I = 2,28 A. (de acordo com a curva).

reçue[22]b) P fornecido =U.I=10×2,28= 22,8 W e P = 1000(W/m) × 0,185(m) = 185 W.

reçuec) Eficiência: η = P fornecido /P = 22,8 W/185W = 12,3%. η =12,3%.

3- O desempenho é melhor a 25°C. Um aumento da temperatura reduz, portanto, o desempenho de um painel solar fotovoltaico. O contrário é verdadeiro para um painel solar térmico.

Exercício 10:

Quais são as diferenças entre energia solar passiva e ativa?

Solução:

O aquecimento solar passivo utiliza a energia solar sem necessidade de equipamento especial. De facto, baseia-se na própria conceção da sua casa! O aquecimento solar passivo refere-se à utilização da energia solar para aquecimento e arrefecimento. Baseia-se na conceção arquitetónica da casa e na escolha dos materiais. Ao contrário da energia solar passiva, a energia solar ativa é criada através de equipamentos específicos que captam os raios solares e os convertem em calor (solar térmico), eletricidade (solar fotovoltaico) ou calor e eletricidade (solar termodinâmico).

yes
I want morebooks!

Buy your books fast and straightforward online - at one of world's fastest growing online book stores! Environmentally sound due to Print-on-Demand technologies.

Buy your books online at
www.morebooks.shop

Compre os seus livros mais rápido e diretamente na internet, em uma das livrarias on-line com o maior crescimento no mundo! Produção que protege o meio ambiente através das tecnologias de impressão sob demanda.

Compre os seus livros on-line em
www.morebooks.shop

Printed by Books on Demand GmbH, Norderstedt / Germany